互联网视域下智慧水利理论创新与应用研究

楚万强　著

黄河水利出版社
·郑州·

内 容 提 要

本书对互联网视域下智慧水利理论创新与应用研究进行了详细的阐述,通过数字空间赋能各类水利治理管理活动,运用云计算、物联网、大数据、人工智能、数字孪生等新一代信息技术,以透彻感知和互联互通为基础,以信息共享和智能分析为手段,在水利全要素数字化映射、全息精准化模拟、超前仿真推演和评估优化的基础上,实现水利工程的实时监控和优化调度、水利治理管理活动的精细化管理、水利决策的精准高效,以水利信息化驱动水利现代化。

本书可作为高等院校相关专业师生的学习用书,也可作为水利研究工作者与水利爱好者的参考书。

图书在版编目(CIP)数据

互联网视域下智慧水利理论创新与应用研究/楚万强著.—郑州:黄河水利出版社,2023.7

ISBN 978-7-5509-3679-9

Ⅰ.①互… Ⅱ.①楚… Ⅲ.①智能技术-应用-水利建设-研究 Ⅳ.①TV-39

中国国家版本馆 CIP 数据核字(2023)第 145376 号

组稿编辑:王路平 电话:0371-66022212 E-mail:hhslwlp@126.com

田丽萍 66025553 912810592@qq.com

责任编辑:冯俊娜 责任校对:杨秀英 封面设计:张心怡 责任监制:常红昕

出版发行:黄河水利出版社

地址:河南省郑州市顺河路 49 号 邮政编码:450003

网址:www.yrcp.com E-mail:hhslcbs@126.com

发行部电话:0371-66020550

承印单位:河南承创印务有限公司

开本:787 mm × 1 092 mm 1/16

印张:9.75

字数:230 千字

版次:2023 年 7 月第 1 版 印次:2023 年 7 月第 1 次印刷

定价:80.00 元

前　言

党的十八大以来,我国水利事业取得了伟大的历史性成就,水利信息化建设跃上了新台阶,为水利治理管理工作提供了重要支撑。党的十九大以来,党中央、国务院对实施网络强国战略做出全面部署。党的二十大擘画了全面建设社会主义现代化强国、以中国式现代化全面推进中华民族伟大复兴的宏伟蓝图,明确了新时代新征程党和国家事业发展的目标任务,高度重视信息化、数字化发展,就加快建设网络强国、数字中国提出一系列新要求,作出一系列新部署。我们要全面贯彻落实党的二十大精神,充分发挥信息化、数字化对中国式现代化的驱动引领作用,不断推动网络强国、数字中国建设,把握新机遇、塑造新优势、实现新发展,为全面建设社会主义现代化国家、全面推进中华民族伟大复兴提供有力支撑。

智慧水利是通过数字空间赋能各类水利治理管理活动,运用云计算、物联网、大数据、人工智能、数字孪生等新一代信息技术,以透彻感知和互联互通为基础,以信息共享和智能分析为手段,在水利全要素数字化映射、全息精准化模拟、超前仿真推演和评估优化的基础上,实现水利工程的实时监控和优化调度、水利治理管理活动的精细化管理、水利决策的精准高效,以水利信息化驱动水利现代化。

本书共七章内容,首先从智慧水利的内涵、现状、成就和问题与对策入手,对智慧水利的基础理论作了详细介绍;然后,对智慧水利的核心技术,包括人工智能、感知网络技术、云与大数据和智慧应用进行了阐述;进而,对大数据、孪生技术和5G技术对智慧水利的促进与发展进行了论述;最后,深入探讨了智慧水利的实践应用,具体以黄花滩智慧灌区为例,从多方面深度讲述了智慧水利的应用实践过程。

本书由黄河水利职业技术学院楚万强著,在撰写过程中得到了河南省小流域生态水利工程技术研究中心、古浪县黄花滩引黄灌区水利管理处、沈阳农业大学水利学院、开封市水利局及相关单位的大力支持和帮助,许多同志参与了本书的调研和实践工作。另外,本书在编写过程中还引用了大量的参考文献。在此,谨向为本书的完成提供支持和帮助的单位、所有研究人员和参考文献的作者表示衷心感谢!

由于作者水平有限,书中难免存在纰漏和不足之处,敬请读者批评指正,以期本书能够日臻完善。

作　者

2023年5月

目　录

第一章　智慧水利理论基础

第一节　智慧水利的内涵

一、智慧水利的提出

20世纪末,全球掀起了“数字地球”的研究热潮。“数字地球”是一个无缝的、覆盖全球的地球信息模型,它把分散在地球各地、从各种不同渠道获取的信息按地球的地理坐标组织起来,既能体现出地球上各种信息(自然的、人文的、社会的)的内在有机联系,又便于按地理坐标进行检索和利用。2001年,华中科技大学张勇传院士、王乘教授在《水电能源科学》上发表了论文《数字流域——数字地球的一个重要区域层次》,提出了“数字流域”这一重要课题。他们认为数字流域是数字地球的一个重要区域层次,是实施数字地球的一个切入点。

2009年1月28日,国际商用机器公司(internation business machines corporation,IBM)首席执行官彭明盛(Sam Palmisano)首次提出智慧地球的概念,提出了要加强智慧型基础设施建设。智慧地球又称为智能地球,即将感应器嵌入电网、铁路、桥梁、供水系统等各种基础设施中,然后将其连接好。这推动了“物联网”的形成。将“物联网”与已有的互联网进行优化整合,有助于人类社会与物理系统之间的相互联系和整合。在“物联网”与现有互联网的整合过程中,需要强大的中心计算机集群,这样有助于对整合网络内的工作人员、设备和基础设施实施有效的管理和控制。2008年11月,IBM公司在《智慧地球:下一代领导人议程》主题报告中提出,把新一代信息技术充分运用在各行各业之中。智慧城市源于智慧地球的理念,是运用物联网、云计算、大数据等新一代信息通信技术,促进城市规划、建设、管理和服务智慧化,以提升资源运用的效率,优化城市管理和服务,改善市民生活质量。我国多省(市)已与IBM签署智慧城市共建协议。2012年,智慧城市被列为我国面向2030年的30个重大工程科技专项之一。2014年,国家发展和改革委员会等八部委联合印发的《关于促进智慧城市健康发展的指导意见》中明确指出,建设智慧城市对提升城市可持续发展能力具有重要意义。2015年,国家发展和改革委员会等25个相关部门成立了新型智慧城市建设部级协调工作组,共同加快推进新型智慧城市建设。2016年,《国民经济和社会发展第十三个五年规划纲要》提出,要加强现代信息基础设施建设,推进大数据、物联网发展,建设智慧城市。2016年,《“十三五”国家信息化规划》提出,要推进新型智慧城市建设行动。

2021年,国务院发布的《“十四五”数字经济发展规划》中提出:推动智能计算中心有序发展,打造智能算力、通用算法和开发平台一体化的新型智能基础设施,面向政务服务、智慧城市、智能制造、自动驾驶、语言智能等重点新兴领域,提供体系化的人工智能服务。

稳步构建智能高效的融合基础设施，提升基础设施网络化、智能化、服务化、协同化水平。立足不同产业特点和差异化需求，推动传统产业全方位、全链条数字化转型，提高全要素生产率。大力提升农业数字化水平，推进“三农”综合信息服务，创新发展智慧农业，提升农业生产、加工、销售、物流等各环节数字化水平。统筹推动新型智慧城市和数字乡村建设，协同优化城乡公共服务。深化新型智慧城市建设，推动城市数据整合共享和业务协同，提升城市综合管理服务能力，完善城市信息模型平台和运行管理服务平台，因地制宜构建数字孪生城市。

在全球信息化的新形势下，人们开始对智慧水利有所了解和关注。智慧水利是智慧地球的思想与技术应用于水利行业的结果。它利用物联网技术，泛在、自动、实时地感知水资源、水环境、水文过程及各种水利工程的各关键要素、关键点、关键位置和关键环节的数据。然后，将这些数据通过信息通信网络传输到在线的数据库、数据仓库和云存储中；在虚拟水空间，利用云计算、数据挖掘、深度学习等智能计算技术进行数据处理、建模和推演，从而帮助人们做出科学优化的判断和决策，采取相应的措施和行动有效地解决水利科技和水利行业的各种问题，提高水资源的利用率、水利工程的效果和效益，有效保护水资源与水环境，防灾减灾，实现人水和谐。全球气候变化和人类大肆破坏生态环境，导致自然灾害频繁发生，如洪涝灾害、干旱缺水、水资源污染等，甚至出现比较严重的灾害，如山体滑坡、泥石流等。这些自然灾害会危害到人身财产安全。为了防治这些灾害，我国水利工作者借鉴“智慧地球”的理念提出了“智慧水利”的概念。“智慧水利”是将物联网与现有的互联网结合所形成的“水联网”，有助于促进水利信息化水平的提升。

2012 年，我国成立了首个“水利部物联网技术应用示范基地”。我国水利信息化建设开始快速发展，陆续实施了各种水利信息化建设战略，政府给予水利信息化建设一系列扶持。2013 年 10 月，广东省水利部门与中国联通公司广东分公司签署战略合作协议，共同建设智慧水利无线应用平台，构建广东全省水利三防联通集群网，将水利业务信息、视频监控等重要信息系统部署到无线应用平台上，让人们可以通过手机登录到平台上，随时随地查询相关信息。“智慧水利”的快速发展，有助于实现水资源的有效管理和优化配置，提高水利工程管理水平，促进水利信息化水平的提高，推进社会经济的全面发展。

党中央、国务院高度重视智慧社会的建设和发展。党的十九大报告中强调要建设网络强国、数字中国、智慧社会，把智慧社会作为建设创新型国家的重要内容，从顶层设计的角度，为经济发展、公共服务、社会治理提出了全新要求和目标，为智慧社会建设指明了方向。智慧水利是智慧社会建设的重要组成部分。2018 年中央一号文件提出了实施智慧农业林业水利工程。同年，水利部对智慧水利建设进行了部署，安排水利部信息中心牵头编制智慧水利总体方案。智慧水利旨在应用云计算、物联网、大数据、移动互联网和人工智能等新一代信息技术，实现对水利对象及活动的透彻感知、全面互联、智能应用与泛在服务，从而促进水治理体系和能力现代化。

二、从水利信息化到智慧水利

随着信息化技术的快速发展及其在水利行业的成功应用，人们对水利信息化的认识与理解逐渐加深。目前，国内外学者一致认为，水利信息化就是将先进的信息化技术应用于水利信息的管理中,使其更好地服务于水利行业的各个领域。加快水利信息化的发展,有助于推动我国水利事业由工程型水利向管理型水利迈进、由传统水利向现代化水利转变,意义重大。

国外水利信息化研究起源于20世纪初,20世纪中期开始迅猛发展,研发了针对水利建设的基础模型,并在20世纪七八十年代广泛应用于发达国家的水利建设中。在我国,水利信息化起步较晚,最早的水利信息化雏形可以追溯到20世纪70年代初期,随着多个"五年计划"的推进,我国水利信息化进程得到了跨越式发展,取得了诸多突破性成果。

(1)20世纪70年代,我国的水利信息化主要集中在利用计算机技术对水情数据进行简单的统计汇总操作,水利信息化涉及范围单一、效率不高。

(2)20世纪80年代,我国水利信息化业务主要集中在对各种水利数据进行处理。与20世纪70年代相比,数据处理技术、执行效率有了一定程度的提高,但整体联动机制尚未响应。

(3)20世纪90年代,我国水利信息化取得了质的飞跃。"九五"期间重大项目"金水工程"的实施,推动了我国水利基础数据从源头到终端用户信息链的建立。

(4)21世纪以来,物联网、大数据、云计算等先进技术逐渐渗透进水利行业,推动了我国防汛抗旱指挥系统一期、二期的建设,以及覆盖国家、省、市、县的四级骨干网络的建立,智能模型在洪水预报、跨流域调水等重大水利工程中实现了业务化运行。信息化技术与产业的迅猛发展,将加快推动我国水利信息化建设向健康、可持续化、现代化的方向发展。

三、智慧水利的概念

国家智慧水网的核心技术涉及水文学、水动力学、气象学、信息学、水资源管理和行为科学等多个学科方向,是新一代水利信息化的集成发展。

智慧水利是运用物联网、云计算、大数据等新一代信息通信技术,促进水利规划、工程建设、运行管理和社会服务的智慧化,提升水资源的利用效率和水旱灾害的防御能力,改善水环境和水生态,保障国家水安全和经济社会的可持续发展。

综合来看,智慧水利的内涵主要有三个方面。

(1)信息通信新技术的应用,即信息传感及物联网、移动互联网、云计算、大数据、人工智能等技术的应用。

(2)多部门、多来源信息的监测与融合,包括气象、水文、农业、海洋、市政等多部门,天空、地面、地下等全要素监测信息的融合应用。

(3)系统集成及应用,即集信息监测分析、情景预测预报、科学调度决策与控制运用等功能于一体。其中,信息是智慧水利的基础,知识是智慧水利的核心,能力提升是智慧水利的目的。

四、智慧水利的特征

(一)透彻感知

透彻感知是智慧水利的"感官",通过全方位、全对象、全指标的监测,为水利行业管理与公共服务提供多种类、精细化的数据支撑,是实现智慧水利的前提和基础。透彻感知不仅需要传统监测手段，也需要物联网、卫星遥感、无人机、视频监控、智能手机等新技术的应用；既需要采集行业内的主要特征指标，也需要采集与行业相关的环境、状态、位置等数据。

（二）全面互联

全面互联是智慧水利的“神经网络”，实现感知对象和各级平台之间的互联互通，关键在于广覆盖、大容量，为随时随地的应用提供网络条件。全面互联不仅需要光纤、微波等传统通信技术的支撑，也需要物联网、移动互联网、卫星通信、Wi-Fi 等现代技术的应用。

（三）深度整合

深度整合是智能应用的基本要求，不仅包括气象、水文、农业、海洋、市政等多部门，天空、地面、地下等全要素监测信息等数据和业务的整合，还包括通过云计算技术等实现基础设施整合，关键是让分散的基础设施、数据和应用形成合力。

（四）广泛共享

广泛共享是智慧水利实现管理与服务高效便捷的关键，通过各类数据的全参与、全交换，实现对感知数据的共用、复用和再生，为随需、随想的应用提供丰富的数据支撑。广泛共享不仅需要行业内不同专业数据的共享，也需要相关行业不同种类数据的共享，丰富的数据源，可为大数据技术的应用提供支撑。

（五）智能应用

智能应用是智慧水利的“智慧”体现，关键在于对新型识别、大数据、云计算、物联网、人工智能、移动互联网等新技术的运用，对各类调控、管理对象和服务对象的行为现象进行识别、模拟、预测预判和快速响应，推动水行政主管部门监管更高效、水利行业管理更精准、调度运行更科学、应急处置更快捷、便民服务更友好。

（六）泛在服务

泛在服务是智慧水利的重要落脚点，将智能系统的建设成果形成服务能力和产品，关键是人性化、便捷化、个性化。水利行业的泛在服务在面向公众服务方面，应用的重点是要求便捷易用；在面向政府管理方面，提供服务的应用重点是要求决策支持。

五、智慧水利的建设

智慧水利建设就是充分运用信息技术建立全要素真实感知的物理水利及其影响区域的数字化映射，构建多维多时空高保真数字模型，强化物理流域与数字流域之间的全要素动态实时畅通和深度融合，推进数字流域对物理流域的实时同步仿真运行，实现“2+N”业务的预报、预警、预演和预案。

（一）物理流域

物理流域就是物理水利及其影响区域，以及布设在其上的水利感知网和水利工控网。其中，物理水利主要包括江河湖泊、水利工程及水利治理管理活动；水利感知网和水利工控网主要是通过水利信息网和水利云，实现物理流域与数字流域之间的信息交互，也就是将水利对象全要素实时感知数据映射到数字空间，并接收和执行数字空间的调度与控制指令等。

(二)数字流域

所谓数字流域,简言之,就是把流域装进计算机,在数字空间虚拟再现真实的流域。主要借助3S、物联网、BIM等技术,以物理流域为单位、数字地形为基石、干支流水系为骨干、水利工程为重要节点,对物理流域的全要素数字化映射。

多维多时空数据模型对物理水利及其影响区域全要素数字化映射,形成数字流域的数字化底板,构建数字化场景。数字流域主要包括基础地理数据、水利基础数据、监测感知数据、水利空间网格模型、水利工程BIM模型、地理信息参考模型等。

(三)数字孪生流域

数字孪生流域是指在计算机上模拟水利治理管理活动,也就是在数字流域的基础上,利用虚拟现实、增强现实等信息技术和专业模型方法,以水行政管理范围为边界、业务活动为主线、预报预测为关键环节,对水利管理治理活动进行全息精准化模拟,对水利工程运行进行实时同步监控。

在数字空间对水利治理管理活动进行全息智能化模拟,数字孪生流域提供仿真功能,支撑精准化模拟。数字孪生流域主要包括水利专业模型、可视化模型和数学模拟仿真引擎。其中,水利专业模型为模拟仿真提供运行所需遵循的基本规律,可视化模型为模拟仿真提供实时渲染和可视化呈现。最终,通过数学模拟仿真引擎实现水利虚拟对象系统化的运转,实现数字孪生流域与物理流域实时同步仿真运行。

(四)智慧流域

智慧流域是指通过计算机辅助水利决策,在数字孪生流域的基础上,利用人工智能、大数据分析、人机交互等信息技术,以预演为反馈、知识为驱动,实现各类水利治理管理行为仿真推演,评估优化,支撑水利智慧化决策。

主要利用机器学习等技术感知水利对象和认知水利规律,为智慧流域提供智能内核,支撑智慧化决策。智慧流域主要包括知识库、智能算法和水利智能引擎。其中,知识库包括预案库、知识图谱库、业务规则库、历史场景模式库和专家经验库;智能算法包括语音识别、图像与视频识别、遥感识别、自然语言处理等智能模型,分类、回归、推荐、搜索等学习算法;水利智能引擎是智慧流域的核心大脑,主要利用知识库与智能算法的支撑,对流域诸如防汛、防旱、灌溉和调度等各类水利事件进行智能化决策。

第二节　智慧水利的现状与成就

一、智慧水利的现状

(一)背景

1998年,美国时任副总统阿尔·戈尔提出“数字地球”构想,数字地球是一个无缝的、覆盖全球的地球信息模型,它把分散在地球各地、从各种不同渠道获得的信息按地球的地理坐标组织起来,既能体现出地球上各种信息(自然的、人文的、社会的)的内在有机联系,又便于按地理坐标进行检索和利用。

2008年11月,IBM公司在美国纽约发布的《智慧地球:下一代领导人议程》主题报告中提出,把新一代信息技术充分运用在各行各业之中。2009 年 1 月 28 日,美国工商业领袖举行了一次"圆桌会议",IBM 首席执行官彭明盛首次提出"智慧的地球"(简称"智慧地球")这一概念,建议新一届政府投资建设下一代智慧型基础设施。智慧地球也称为智能地球,就是把感应器嵌入或装备到电网、铁路、桥梁、隧道、公路、建筑、大坝、供水系统、油气管道等各种物体中,并且被普遍连接,形成"物联网",然后将"物联网"与现有的互联网整合起来,实现人类社会与物理系统的整合。在这个整合的网络中,需要能力强大的中心计算机集群,能够对整合网络内的人员、设备和基础设施实施实时的管理和控制。

智慧水利是智慧地球、智慧城市理念的行业延伸。为了应对全球气候变化和人类剧烈活动导致的洪涝灾害、干旱缺水、水体污染、水土流失等复杂的水问题,推动水利信息化水平向更高层次发展,我国水利工作者借鉴智慧地球的理念提出了智慧水利的概念。

同时,智慧水利是智慧地球的思想与技术在水利行业的应用,即运用物联网、云计算、大数据等新一代信息通信技术,自动、实时地感知水资源、水环境、物理大气水文过程及各种水利工程的多要素、多属性、多格式的数据;通过信息通信网络传送到在线的数据库和云存储中;再利用云计算、数据挖掘、深度学习等智能计算技术进行数据处理、建模和推演,做出科学优化的判断和决策,并反馈给人类和设备,采取相应的措施和行动有效解决水利科技和水利行业的各种问题,提高水资源的利用率和水利工程的效益,有效保护水资源及水环境,实现防灾减灾和人水和谐。智慧水利是新一代水利信息化的集成发展方向。

(二)水利信息化发展阶段

第一阶段:20 世纪 80 年代到 21 世纪初,为水利信息化建设的第一发展阶段,也可以说是启蒙阶段。在这个发展阶段中,开始对水利信息化建设进行研究,但进展缓慢,其工作主要围绕水情信息的收集和整理来进行。

第二阶段:21 世纪的前 15 年,是水利信息化建设的第二发展阶段。在这个阶段中,加大了对水利信息化建设的研究深度,人们意识到水利信息化建设的重要性,相关研究工作得以全面开展,其工作主要以水利信息化基础设施研究和保障环境建设为主。

第三阶段:从 2015 年至今,是水利信息化建设的第三发展阶段。在这个阶段中,由于国家经济和科学技术得到了快速发展,水利信息化建设工作不再局限于一些简单的基础建设,而是提出了许多新的发展理念,其中智慧水利建设就是在这个阶段研究的成果,在未来许多年的发展时间内,这是最为主要的研究方向。

(三)智慧水利关键技术

1.智能感知技术

利用各种先进灵敏的信息传感设备和系统,如无线传感器网络、射频标签阅读装置等,对系统所需的洪水、干旱、水利工程等各类信息进行实时的监测、采集和分析。如应用射频识别技术,通过对流域中的水工建筑物、水文测站、量测设备等装备射频标签,能够自动获取水工建筑物的特征数据和水文测站信息。无线传感器网络通过装备和嵌入流域中的各类集成化的微型传感器实时监测、感知和采集各种流域环境或监测对象信息,然后将这些信息以无线方式发送出去,以自组多跳的网络方式传送到用户端,实现物理流域、计算流域和人类社会三元世界的连通。智能感知技术是感知自然循环和社会循环过程水情信息的重要组成部分。

2.“3S”技术与三维可视化

“3S”技术是遥感技术(remote sensing，RS)、地理信息系统(geographic information system，GIS)和全球定位系统(global positioning system，GPS)的统称，是利用遥感、空间地理信息、卫星定位与导航及通信网络等技术，实现对空间信息进行采集、分析、传输和应用的一项现代信息技术。随着“3S”技术的不断发展，将遥感、全球定位系统和地理信息系统紧密结合起来的“3S”一体化技术已显示出更为广阔的应用前景。智慧水利系统设计对现有水利技术进行了延伸，将RS、GIS、GPS三种技术集成，构成一个强大的技术体系，并且加入三维分析和可视化技术，更加直观准确地实现对各种水利工程空间信息和环境信息的快速、准确、可靠地收集、处理与更新，为防汛抗旱、水资源调度管理决策、水质监测与评价、水土保持监测与管理等业务系统提供决策支持。

3.云计算与云存储技术

云计算(cloud computing)通过虚拟化、分布式处理和宽带网络等技术，使得互联网资源可以随时切换到所需的应用上，用户可以按照“即插即用”的方式，根据个人需求来访问计算机和存储系统，实现所需要的操作。其强大的计算能力可以模拟水资源调度、预测气候变化和发展趋势等。云计算技术的应用会使任何大尺度和高精度的实时模拟计算成为可能。通过云计算，将流域或河流模拟程序拆分成无数个较小的子程序，通过网络交换由分布式计算机所组成的庞大系统搜索、计算分析之后将处理结果回传给用户，这样将使局部河段或者流域干流的高精度的三维模拟从理想变成现实。现有的多数“半分布式”系列模型将向“完全分布式”系列模型转变，其中对水循环过程的模拟采用二维或三维水动力学及其伴生过程模型。云存储是在云计算概念基础上延伸和发展的一个新概念，是以数据存储和管理为核心的云计算系统。通过云存储技术，流域中海量的原型观测、实验数据和数学模型计算的历史数据和实时数据及流域管理的自然、社会、经济等数据的存储将不再受制于硬盘空间。

4.物联网技术

物联网(internet of things，IOT)是互联网、传统电信网等信息承载体，能够在所有具有独立功能的普通物体之间实现互联互通、资源共享的网络，就是物物相连的互联网。

物联网具有基于标准的操作通信协议的自组织能力，其中物理的和虚拟的“物”具有身份标识、物理属性、虚拟的特性和智能的接口，与信息网络无缝整合。在流域中的主要应用就是将感应器嵌入并装备到水质监测断面、供水系统、输水系统、用水系统、排水系统、大坝、水文测站等各种水利工程或设施中，通过互联网连接起来，形成所谓的“流域物联网”。

5.大数据分析技术

大数据(big data)是指无法用现有的软件工具提取、存储、搜索、共享、分析和处理的海量的、复杂的数据集合。大数据具有数据体量巨大、数据类型繁多(包括结构化和非结构化的)、价值密度低(海量信息中有价值的信息可能很少)和更新速度快的特征。

大数据分析技术是指对大量的、多种类的和来源复杂的数据进行高速捕捉、发现和分析，用经济的方法提取其价值的技术体系或技术架构。

智慧水利建设必须要充分整合现有资源和外部资源，结合新技术和新数据，面向协同互通,创造新应用,而非一切推倒重来。数据资源要打破现有资源的部门分割、地域分割、业务分割,加强数据共享开放原则、协议、数据标准、交换接口、质量标准、可用性、互操作性等方面相应标准规范的制定,推动资源从分散使用向共享利用转变,逐步实现国家水行政主管部门、水利行业、全国涉水部门之间的数据资源共享,利用各种大数据分析和处理技术最大程度地挖掘和发挥数据资源的价值,分析各业务数据之间的互联关系,提出重要的信息和知识,再转化为有用的模型,以增加应用的预判力和针对性,使业务应用具有更强的决策力、洞察发现力和流程优化的能力。

6.建筑信息模型技术

建筑信息模型(building information modeling,BIM)是以建筑工程项目的各项相关信息数据作为基础,建立起三维建筑模型,通过数字信息仿真模拟建筑物所具有的真实信息。BIM 作为全开放的可视化多维数据库,是智慧水利极佳的基础数据平台,可保证数据随时、随地、随需应用。

7.人工智能技术

人工智能(artificial intelligence,AI)是研究、开发用于模拟、延伸和扩展人的智能的理论、方法、技术及应用系统的一门新的技术科学,具有自学习、推理、判断和自适应能力。AI 技术借助计算机信息技术和通信技术,模拟人的听觉、视觉及嗅觉,进行信息判断和处理。在科技水平逐渐提升的同时,机器人、语言及图像识别系统、诊断专家等为代表的人工智能技术得到了迅猛的发展。各系统发展中的技术含量不断增加,同时更加具有个性化的实用价值。从技术事实来看,人工智能已经发展到比人脑更为系统,能够处理非常复杂的系统逻辑关系,在水利设施的建设、运行、检测、维修等过程中发挥着关键作用。

8.虚拟现实技术

虚拟现实(virtual reality,VR)技术借助计算机及传感器技术,开创了崭新的人机交互手段,是一种体现虚拟世界的仿真系统。依托 VR 技术可以构建出虚拟的水利环境,实现水相关数据的信息化、智能化、可视化,是一种综合性的高科技技术。

9.边缘计算

边缘计算是将计算任务在接近数据源的计算资源上运行,可以有效减小计算系统的延迟,减少数据传输带宽,缓解云计算中心压力,提高可用性,并能够保护数据安全和隐私。

随着万物互联的飞速发展及广泛应用,边缘设备正在从以数据消费者为主的单一角色转变为兼顾数据生产者和数据消费者的双重角色,同时网络边缘设备逐渐具有利用收集的实时数据进行模式识别、执行预测分析或优化、智能处理等功能。大数据处理已经从以云计算技术为中心的集中式处理时代正式跨入以万物互联为核心的边缘计算时代。集中式大数据处理时代,更多的是集中式存储和处理大数据,其采取的方式是建造云计算中心,并利用云计算中心超强的计算能力来集中式解决计算和存储问题。相比而言,在边缘式大数据处理时代,网络边缘设备会产生海量实时数据;并且这些边缘设备将部署支持实时数据处理的边缘计算平台为用户提供大量服务或功能接口,用户可通过调用这些接口来获取所需的边缘计算服务。在边缘计算模型中,网络边缘设备已经具有足够的计算能力来实现源数据的本地处理,并将结果发送给云计算中心。边缘计算模型不仅可降低数据传输带宽，同时能较好地保护隐私数据，降低终端敏感数据隐私泄露的风险。因此，随着万物互联的发展，边缘计算模型将成为新兴万物互联应用的支撑平台。

10.网络安全技术

网络安全技术致力于解决诸如如何有效进行介入控制，以及如何保证数据传输的安全性，主要包括物理安全分析技术、网络结构安全分析技术、系统安全分析技术、管理安全分析技术及其他的安全服务和安全机制策略等问题。

智慧水利中含有大量的信息系统和控制系统，属于国家关键信息基础设施定义的范畴。水利关键信息基础设施在数据采集、数据传输、数据存储、应用系统、基础环境及系统互联等各个层面，面临着来自内部和外部网络的非授权访问、数据窃取、恶意代码攻击、数据丢失等现实威胁，为保障水利关键信息基础设施的网络安全，利用各种先进的网络安全技术提高网络安全监测预警及对重大网络安全事件的快速发现和应急处置能力，是保障智慧水利安全运行的重要手段。

11.视频识别技术

尽管视频监控技术在水利行业已得到广泛应用，但监视和识别的人工依赖程度还比较高，随着视频接入量增加，尤其是全国水利视频监测点实现统一汇聚，数据量成倍增长，采用视频识别技术来实现自动化监视和报警势在必行。

视频识别技术是基于计算机视觉的视频内容理解技术。原始视频图像经过背景建模、目标监测与识别、目标跟踪等一系列算法分析，识别视频流中的文字、数值、图像和目标，按照预先设定的预警规则，及时发出报警信号，使得视频监控系统实现全天候全自动实时监视和分析报警，将以往的事后分析变成事中分析和实时报警。

视频识别技术结合热成像、可见光等智能摄像机，能自动识别水位、流速、流量、水体颜色等水文水质要素信息，以及水面漂浮物、非法采砂、水域岸线侵占、河岸垃圾倾倒、闸门开启、施工区域安全行为等事件信息，可在防汛抗旱、河湖管理、水利工程建设与运行管理等方面发挥重要作用，增强“主动发现”的能力，提升精细化管理水平。

二、智慧水利的成就

（一）概述

近年来，全国水利系统深入贯彻落实中央“四化同步”的战略部署，按照水利部党组提出的“以水利信息化带动水利现代化”的总体要求，紧紧围绕水利中心工作，全面推进水利信息化建设，有序实施了“金水工程”，有力支撑了各项水利工作，全国水利信息化取得显著成效，为水利信息化转型迈入智慧水利新阶段奠定了良好基础。

1.政策推动快速发展

水利部历来高度重视水利信息化建设，提出了“以水利信息化带动水利现代化”的总体要求。2017 年 5 月水利部正式印发《关于推进水利大数据发展的指导意见》，旨在水利行业推进数据资源共享开放，促进水利大数据发展与创新应用。

2019 年水利部发布的《加快推进智慧水利指导意见》中指出，全方位推进智慧水利建设是加快推进新时代水利现代化的重要举措。

“十四五”以来，国家多次在政策层面推动智慧水利体系的构建。“十四五”规划纲要明确提出“构建智慧水利体系，以流域为单元提升水情测报和智能调度能力”。水利部高度重视智慧水利建设，将其作为推动新阶段水利高质量发展的重要实施路径之一，提出构建数字孪生流域，决定在“十四五”期间，按照“需求牵引、应用至上、数字赋能、提升能力”总要求，优先选择11个重点水利工程开展数字孪生水利工程建设，发挥技术攻关和示范引领作用，助力全国智慧水利建设。

2021年12月21日，全国水利行业首个正式开工建设的数字孪生水利工程——大藤峡数字孪生工程建设正式启动。

2022年1月15日，智慧水利先行先试任务顺利通过验收。水利部组织完成了对11家单位及36项先行先试任务的验收，先行先试工作圆满完成既定任务、取得积极成效。

2.投资不断增加，市场前景广阔

2022年9月13日，“中国这十年”系列主题新闻发布会上，水利部规划计划司司长张祥伟介绍，十年来，全国完成水利建设投资达到6.66万亿元，是之前十年的五倍。

数据显示，目前水利行业的数字化投资占比保持在1%~2%，在相关政策和项目的推动下，未来几年将进入信息化投资加速周期，预计2025年投资占比达到2.2%，届时数字化投资比重上升会带来每年超200亿元规模的智慧水利市场空间。

在智慧水利建设的牵引下，特别是在数字孪生流域、数字孪生水网、数字孪生水利工程的稳步推动下，数字投资比例稳步提升，将带来广阔的市场空间。各大技术供应商正积极布局智慧水利市场，联合合作伙伴推出基于大数据、人工智能、物联网、空间信息等新兴技术的解决方案，随着新技术的持续深入应用，未来将不断赋能水利行业构筑数字孪生体系。

3.业务应用全面推进

在水利信息化重点工程的带动下，业务应用从办公自动化、洪水、干旱、水资源管理等重点领域向全面支撑推进。国家防汛抗旱指挥系统二期主体工程基本完成，构建了覆盖我国大江大河、主要支流和重点防洪区的信息收集、预测预报、防洪调度体系和旱情信息上报体系。国家水资源监控能力建设基本完成，初步搭建了支撑最严格水资源管理的数据和软件框架。全国水土保持管理信息系统构建了由水利部水土保持监测中心、流域水土保持监测中心站、省级水土保持监测总站、地市级水土保持监测分站、水土保持监测点组成的监测体系及支撑监测、监督、治理的业务应用系统。水利财务管理、河长制与湖长制管理、农村水利管理、水利工程建设与管理、水利安全生产监督管理、生态环境保护等重要信息系统也先后推进。

4.新技术与业务融合初见成效

水利部搭建了基础设施云，实现计算、存储资源的池化管理和按需弹性服务，有力支撑了国家防汛抗旱指挥系统、国家水资源监控能力、水利财务管理信息系统等项目建设。水利部太湖流域管理局利用水文、气象和卫星遥感等信息和模型对湖区水域岸线和蓝藻进行监测，提升了“引江济太”工程调度等工作的预判性。浙江水利部门在舟山应用大数据技术，通过公共通信部门提供的手机实时位置信息，及时掌握台风防御区的人员动态情况，结合气象部门的台风路径、影响范围等信息进行分析后，自动通过短信等方式最大范围地发布预警和提醒信息，为科学决策和有效指导人员避险、财产保护等提供了有力支撑。无锡水利部门利用物联网技术，对太湖水质、蓝藻、湖泛等进行智能感知，实现了蓝藻打捞、运输车船智能调度，提升了太湖治理的科学水平。

5.区域智慧水利先行先试积极探索

浙江省在台州市开展的智慧水务试点工作已初见成效，上海市实施了“互联网+智能防汛”，广东省水利厅出台了《广东省“互联网+现代水利”行动计划》（粤水办汛技〔2017〕6号），江西省水利厅出台了江西省智慧水利建设行动计划，依托智慧抚河信息化工程等项目建设积极开展智慧水利建设，宁夏回族自治区水利厅启动了“互联网+水利”行动。各地河长制、湖长制管理工作中综合运用移动互联网、云技术、大数据支撑河长、湖长开展工作。传统业务与信息化深度融合不断加快。

（二）水利各项业务主要成就

1.洪水防御

1）业务方面

随着近些年的洪水防御工作开展与不断完善，已基本建成覆盖全国主要防洪区域的防汛指挥调度体系，能够对洪水预案、洪水风险图等相关信息进行电子化调用，实时汇集7个流域管理机构、31个省（自治区、直辖市）和新疆生产建设兵团的水雨情数据，实现了对洪水预测预报、洪水调度、应急抢险技术支撑等业务工作的信息化支撑。

洪水防御业务主要包括信息采集、洪水预测预报、洪水调度、应急抢险技术支撑、公共服务等5项业务工作。

（1）信息采集。已建成覆盖7个流域管理机构、31个省（自治区、直辖市）及新疆生产建设兵团的水情分中心。截至2019年底，全国水文部门基本水文站、专用水文站、水位站、雨量站、蒸发站、墒情站、水质站、地下水站、实验站已经初具规模。

（2）洪水预测预报。已重点完善水利部、7个流域管理机构及31个省（自治区、直辖市）预报分级管理所需要建设的断面方案，支撑洪水预测预报工作。同时启动了山洪灾害非工程措施省级完善项目的建设，开展了基于山洪灾害调查评价成果进行山洪预警预报试点工作。

（3）洪水调度。随着前期国家防汛抗旱指挥系统工程等项目建设和运行，重点对水利部和流域防洪调度进行优化、提高和完善，扩充防洪调度覆盖范围，调整和补充防洪调度河段，已初步建立七大流域防洪调度体系。

（4）应急抢险技术支撑。在前期工程建设的基础上，构建了7个流域管理机构应急抢险机动通信体系，为所辖流域片的工程抢险、防汛现场指挥提供通信保障，并结合洪水风险图、各地区防洪预案和防汛抢险的实际需求编制了避洪转移指导方案。根据新业务职能要求，与应急管理部协同开展洪水防御工作，建立洪水信息共享机制，支撑应急抢险等工作。

（5）公共服务。通过前期群测群防等山洪灾害防治体系建设，实现了实时向社会发布水情预警信息，2017—2019年通过短信、广播、网络、电视等向社会发布预警信息1 500多次，及时为社会公众提供水情预警信息服务，提高了社会公众防灾减灾意识及能力。

2)系统方面

围绕洪水防御业务建设了国家防汛抗旱指挥系统、全国重点地区洪水风险图编制与管理应用系统、全国山洪灾害防治非工程措施监测预警系统、全国中小河流水文监测系统,以及其他洪水监测预报预警相关系统,建成了覆盖重要防洪地区和县级以上水利部门较完备的水情、雨情、工情、灾情采集体系,构建了主要江河湖库和重点断面的洪水预报体系,初步建立了七大流域和重点防洪区洪水调度体系,构建了省级以上应急抢险机动通信保障和避洪转移预案体系,实现了大江大河和主要支流水情预警信息的及时发布,为洪水预报调度防御各环节业务提供了较有力的数据和功能支撑。通过山洪灾害防治项目建设,统一进行了全国范围小流域划分,提高了基础属性,建立了全国统一的河流水系编码体系和拓扑关系,为精细化洪水预报预警打下了坚实的数据基础。

3)数据方面

基于前期业务工作开展,洪水防御业务建设了体系较为完备的防洪基础数据体系,实现了重点防洪区和防洪工程及重大灾情信息的实时采集和汇集,业务管理数据基本实现了电子化,预测预报等业务实现了系统化管理。

2.干旱防御

1)业务方面

通过前期抗旱项目建设,我国抗旱减灾应急管理水平有了较大提升,已基本实现中央、流域、省级干旱防御业务工作互联互通和信息共享,各级干旱防御业务部门能够及时掌握旱情发生、发展及抗旱进展信息,提高了各级各部门之间的应急联动和防灾减灾能力。

干旱防御业务主要包括信息采集、旱情综合分析评估、旱情预测与水量应急调度、重大旱灾防御及应急水量调度、公共服务等5项业务工作。

(1)信息采集。自2013年开始,水利部在已有信息采集的基础上补充旱情信息采集建设,根据旱情发生发展的需要,开展应急和补充监测,以加大采集点和采集密度,提高监测信息的准确度和科学性,已初步实现了旱情信息的采集与监视等业务。

(2)旱情综合分析评估。基于前期抗旱工作基础,可根据连续无雨日数、降水距平指数、标准化降水指数、河道径流量监测产品、水库蓄水量监测产品、土壤墒情分布监测产品等干旱指数形成气象、水文、农情干旱监测图及相关成果产品,为旱情综合分析评估提供支撑。

(3)旱情预测与水量应急调度。开展了降水量、大江大河来水量等要素的预测,但旱情预测工作仍不全面。

(4)重大旱灾防御及应急水量调度。根据新业务职能要求,与应急管理部协同开展重要旱灾防御工作,建立重大旱情信息共享机制,支撑重大旱灾救援、抗旱应急调水等工作。

(5)公共服务。向社会公众发布旱情预警。

2)系统方面

干旱防御业务通过国家防汛抗旱指挥系统工程初步建设了旱情信息采集系统、数据汇集平台、抗旱业务应用系统等信息系统,初步构建了以县级以上水行政主管部门旱情统计报送为主和雨情、水情及重点地区土壤墒情监测为补充的旱情监测体系,为抗旱工作提供了基本数据支撑,也为后续干旱防御业务应用系统建设积累了宝贵经验。

3)数据方面

基于前期业务工作开展,干旱防御业务收集了部分重要干旱灾害防御基础数据,初步构建了旱情监测和统计数据上报体系。

3.水利工程安全运行

1)业务方面

通过前期水利工程安全运行业务工作开展,基本保障了水库大坝、农村水电站安全和工程运行,同时由对应的水利工程管理单位、各级水行政主管部门及其技术支撑机构等建立了水闸、堤防管理组织体系。

水利工程安全运行业务主要包括水利工程运行管理、水利工程管理体制改革、水利工程运行管理督查考核、农村水电站管理等 4 项。

(1)水利工程运行管理。主要包括落实责任制、注册登记、安全鉴定与评价、工程划界、除险加固、降等报废、应急管理、年度报告、巡视检查、监测预警、调度运用等方面工作。法规和标准体系在逐步完善,安全管理逐步规范,安全责任制不断落实,安全状况明显提高。

(2)水利工程管理体制改革。2002 年,全国范围内启动实施水利工程管理体制改革。国有水库管理体制和良性运行机制率先建立,大多数落实了两项经费。2013 年开始,开展深化小型水利工程管理体制改革工作,改革目标是到 2020 年,基本扭转小型水利工程管理体制机制不健全的局面,建立产权明晰、责任明确的工程管理体制;建立社会化、专业化的多种工程管护模式;建立制度健全、管护规范的工程运行机制;建立稳定可靠、使用高效的工程管护经费保障机制;建立奖惩分明、科学考核的工程管理监督机制。2011 年,水利部、财政部建立中央财政对公益性水利工程维修养护补助机制,每年安排中央财政补助资金。2016 年底,财政部、水利部共同印发管理办法,将公益性工程维修养护补助资金纳入中央财政水利发展资金管理。

(3)水利工程运行管理督查考核。2009 年开始,为加强水库大坝运行管理,建立了水库运行管理督查制度。2013 年开始,将运行管理督查工作扩展到水闸、堤防等水利工程。实行对水行政主管部门和工程管理单位“双督导”,印发整改通知。为进一步推进水利工程管理规范化、法治化、现代化建设,建立了水利工程管理考核制度,考核水利工程管理单位的组织管理、安全管理、运行管理和经济管理工作。近年来,还组织开展了多次专项检查,如 2013 年全国水库蓄水安全专项检查、2017 年全国水库大坝安全隐患排查、2019 年对“172 项重大水利工程”开展巡查、2020 年完成 256 座大中型水库除险加固项目、2022 年加强水电站等水利设施安全管理、2023 年开展重大水利工程问题整改“回头看”。。

(4)农村水电站管理。农村水电站管理工作主要包括:落实安全监管和生产责任制,安全生产标准化达标评级管理和监督,隐患排查治理、应急管理等,同时通过督导检查、安全隐患排查、督促整改落实等措施,强化安全生产和体制机制建设,有效保障农村水电工程的良性运行及效益的有效发挥。农村水电站已落实监管责任主体和生产责任主体,进一步落实水电站、水库防汛行政、技术、巡查“三个责任人”;全国共有 2 500 多座农村水电站完成了安全生产标准化达标评级；通过增效扩容改造工程对全国数千座老旧病险电站实施改造，改善农村水电站运行工况；规范农村水电站运行管理，落实各项规章制度，强化风险管控；推进管理体制改革，建立良性运行机制。

2）系统方面

水利工程安全运行业务建设了水利工程运行管理系统、全国水库大坝基础数据管理信息系统、全国农村水电统计信息管理系统、部分工程管理单位和区域水利管理部门管理系统，建设全国大型水库大坝安全监测监督平台，水库、水闸、堤防、农村水电站的督查整改、隐患排查、管理考核等日常监管和安全鉴定、工程划界、除险加固、降等报废等安全管理以文档式分散管理为主，水库、水闸的注册登记初步实现了在线统一管理，农村水电站实现了基础数据和生产经营主要指标的统一管理，各类水利工程运行维护主要由各水管单位分散开展，为水利工程安全运行提供了基础数据支撑和少数业务的信息管理等功能支撑。

3）数据方面

基于前期业务工作开展，水利工程安全运行业务掌握了水利工程基础数据，通过统计年鉴等掌握了部分新增工程的主要基础数据，部分大中型重点水利工程建设了水情或工程安全监测设施，建设了水库主要管理业务数据。

4.水利工程建设

1）业务方面

随着前期水利工程建设业务工作的开展，逐步实现水利建设项目管理层面的全生命周期管理，提升了水利工程建设管理的能力。

水利工程建设主要包括水利建设项目管理和市场监管两项业务工作。

（1）水利建设项目管理。水利工程建设一般分为规划、立项（包括项目建议书及可行性研究报告）、施工准备、初步设计、建设实施、生产准备、竣工验收、后评价等阶段。水利工程建设全过程形成的数据丰富，围绕项目建设，市场主体和监管主体各司其职。

（2）市场监管。水利工程市场监管主要依托水利工程项目管理，建立水利建设市场信用体系，对水利建设市场进行监督管理。水利部涉及市场监管的工作包括资质审批与资格注册管理、水利建设市场信用评价、招标投标管理、质量管理、监督检查等。各省（自治区、直辖市）涉及市场监管的工作包括资质与资格审批、水利建设市场信用评价、招标投标管理、质量管理、监督检查等。

2）系统方面

水利工程建设业务建设了水利规划计划管理信息系统、全国中小河流治理项目信息管理系统、水利建设与管理信息系统、全国水利建设市场监管服务平台、水利安全生产监管信息系统，对国家审批的水利规划、国家审查审批的水利项目前期工作、国家下达的投资计划、水利建设市场主体及信用信息等业务实现了信息集中管理，一定规模以上在建和已建水利工程建立了事故信息和隐患信息上报机制，为水利工程建设和安全运行提供了基础数据，也为管理决策提供了重要依据。

3）数据方面

基于前期业务工作开展，建设了大量基础数据，不同形式的施工监测生成了大量数据,计划和市场信用数据初步实现了统一管理,各单位积累了大量工程建设管理数据。

5.水资源开发利用

1)业务方面

近些年,水资源开发利用业务工作主要致力于完善以流域为单位、以省(自治区、直辖市)为考核对象的水资源管理所需的数据获取和监控手段,形成满足实施最严格水资源管理制度及管理需要的监测、计量、信息管理能力,为强化水资源管理监督考核提供技术支撑,为最严格水资源管理制度的实施提供了有力的手段和支撑。

水资源开发利用主要涉及水文水资源监测、水资源开发利用评价与预测预报、水资源规划、水资源开发、水量分配、取用水管理、水资源调度、水资源保护、水资源开发利用监督考核等9项业务工作。

(1)水文水资源监测。随着全国水文基础设施建设的持续推进,中央投资主要用于国家地下水监测工程、省界断面水资源监测站网监测工程、大江大河水文监测系统建设工程、水资源监测能力建设工程等项目实施,新建改建了一批水文测站、水文监测中心和部分水文业务系统建设。同时,随着中小河流水文监测系统项目建设的完成和验收工作的推进,一批水文测站投入运行,水文站网得到进一步充实完善,增强了水文监测能力,为服务防灾减灾体系建设、实施最严格水资源管理、水生态文明建设等领域提供了有力的基础支撑。

(2)水资源开发利用评价与预测预报。水资源调查评价是国家重要资源环境和国情国力调查评价的重要领域。2017年,水利部启动"实施第三次全国水资源调查评价"的工作部署,计划用2~3年时间,在前两次全国水资源调查评价、第一次全国水利普查等已有成果的基础上,全面摸清近年来我国水资源数量、质量、开发利用、水生态环境的变化情况,系统分析近60年来我国水资源的演变规律和特点,提出全面、真实、准确的评价成果,建立水资源调查评价基础信息平台,并形成规范化的滚动调查评价机制,为制定水资源战略规划、实施重大水利工程建设、落实最严格水资源管理制度、促进经济社会持续健康发展和生态文明建设打下坚实的基础。

(3)水资源规划。为加强水利规划管理工作,规范水利规划体系构成,明确水利规划编制、审批和实施等有关要求,依据相关法律法规及国家有关政策,水利部出台了《水利规划管理办法(试行)》(水规计〔2010〕143号),明确了水利规划体系框架、编制程序和相关要求。

继2012年底国务院批复长江、辽河流域综合规划后,2013年国务院批复了黄河、淮河、海河、珠江、松花江、太湖流域综合规划,完成了一批重要江河湖泊综合规划,启动了全国水资源中长期供求规划、全国水资源保护规划等编制工作,组织完成了大型灌区续建配套与节水改造、农村饮水安全等一大批专项建设规划。

(4)水资源开发。根据国务院规定,2010—2012年开展第一次全国水利普查。据普查结果,我国水资源开发利用成果显著,共建有水库近10万座,总库容近10 000亿m^3。水闸、橡胶坝、泵站、农村供水工程、塘坝及窖池遍布全国各大中小河流。在党中央、国务院的高度重视下,农村水电建设取得了举世瞩目的成就。2014年时任国务院总理李克强主持召开国务院常务会议,按照统筹谋划、突出重点的要求,2020年前规划建设百余项重大水利工程。工程建成后,实现新增年供水能力 800 亿 m^3 和农业节水能力 260 亿 m^3,增加灌溉面积 7 800 多万亩(1 亩 = 1/15 hm^2,下同),使我国骨干水利设施体系显著加强。在法规制度方面,第十二届全国人民代表大会常务委员会第二十一次会议修订通过了《中华人民共和国水法》,国务院印发了《中华人民共和国水文条例》(国务院令第 496 号)、《农田水利条例》(国务院令第 669 号)、《关于实行最严格水资源管理制度的意见》(国发〔2012〕3 号),水利部印发了《水量分配暂行办法》(水利部令〔2007〕第 32 号)、《关于非常规水源纳入水资源统一配置的指导意见》(水资源〔2017〕274 号)、《地下水超采区评价导则》(SL 286—2003)、《地表水资源质量评价技术规程》(SL 395—2007)及《水资源保护规划编制规程》(SL 613—2013)。

(5)水量分配。国务院批复了《全国水资源综合规划(2010—2030)》,明确了全国水资源配置与用水总量控制方案。黄河、黑河、塔里木河等部分流域已实行了用水总量控制。2007 年,水利部颁布了《水量分配暂行办法》(水利部令〔2007〕第 32 号),下发了《关于做好水量分配工作的通知》(水资源〔2011〕368 号),全面启动了跨省江河流域水量分配工作。部分省(自治区、直辖市)已下达了本辖区所辖各市级行政区年度用水总量指标,实行了年度用水总量控制管理。计划划定 59 条跨省江河流域水量分配方案,已批复 33 条。

(6)取用水管理。依据水资源规划、水能资源规划、水量分配方案、《取水许可和水资源费征收管理条例》(国务院令第 460 号)和《取水许可管理办法》(水利部令〔2017〕第 49 号)等,对规划和建设项目取用水的合理性、可靠性与可行性,取水与退水的影响进行分析论证。依据水资源规划和水量分配方案,对直接从地下或者江河、湖泊取水的,进行取水许可管理和取水量监测统计,进行水资源税费征收和使用管理。

(7)水资源调度。根据《中华人民共和国水法》和《水量分配暂行办法》(水利部令〔2007〕第 32 号),县级以上人民政府水行政主管部门或者流域管理机构应该根据批准的水量分配方案和年度预测来水量,制订年度水量分配方案和调度计划,实施水量统一调度。国务院颁布了《黄河水量调度条例》(国务院令第 472 号),水利部制定了《黄河水量调度管理办法》(水利部计地区〔1998〕2520 号)、《黑河干流水量调度管理办法》(水利部令〔1998〕第 38 号)。部分江河明确了水资源调度方案、应急调度预案和调度计划,在保障城乡居民用水、积极应对水污染事件、协调生活生产和生态用水方面发挥了重要作用。2018 年,水利部印发了《关于做好跨省江河流域水量调度管理工作的意见》(水资源〔2018〕144 号),全面落实水量分配方案,强化水资源统一调度,提升水资源开发利用监管能力,严格流域用水总量和重要断面水量下泄控制,保障河湖基本生态用水,实现水资源的可持续利用。

(8)水资源保护。水资源保护业务以水资源规划成果为指导、水环境水生态评价为支撑,开展饮用水水源地管理和保护、地下水管理和保护、水功能区和入河排污口管理、河湖水生态保护与修复等工作,为水资源开发、取用水、水资源调度等业务提供水源保护,使入河污水排放、河湖生态流量、地下水水位水量、农村水电站减脱水河段生态流量等符合约束性条件要求。

(9)水资源开发利用监督考核。组织编制取用水总量、用水效率、水功能区纳污红线指标控制方案,实行最严格水资源管理制度考核,实施水资源监督管理,保障水资源合理开发利用。

2)系统方面

水资源开发利用业务建设了国家水资源监控管理三级平台、水资源调查评价系统等信息系统,构建了覆盖国家重点取用水户、国家级水功能区和大江大河省界断面水量水质等三大监控体系,搭建了支撑水资源监测、规划配置、调度、保护、管理和公众信息服务等业务管理平台,研发了水量调度等模型工具,为三级水利部门的水资源开发利用提供了基础和监测数据支撑,为水资源开发利用主要环节提供了功能支撑,特别是为最严格水资源管理制度实施提供了有力支撑。

3)数据方面

基于前期业务工作开展,水资源开发利用业务初步构建了基础数据体系与监测数据体系,积累了业务管理数据。

6.城乡供水

1)业务方面

经过多年努力,已基本解决了城市供水的供需矛盾,保障了农村居民能及时获得足量够用的生活饮用水,长期饮用不影响人身健康,提高了供水服务质量,降低了供水成本。

城乡供水业务主要涉及城镇供水、农村供水、供水保障信息支撑 3 项业务工作。农村供水方面已经整合上线的农村饮水安全管理信息系统,能对工程基本概况、行业概况、运行状况和供水工程年实际供水量等信息进行采集,按照规划目标任务分解年度、市(县)目标任务,按照年度任务下达投资计划、项目审批、实施、验收等。供水保障信息支撑方面已颁布多部法律法规、标准规范、相关规划等,支撑城乡供水业务的顺利开展。

2)系统方面

城乡供水业务主要涉及国家水资源管理系统、全国农村水利管理信息系统、农村饮水安全项目管理信息系统,基本实现了重要城市饮用水水源地水质在线监测,农村饮水项目进展、集中供水工程运行、行政村饮水等信息的在线填报和逐级审核入库,为城镇供水提供了部分基础和监测数据支撑,为农村供水提供了基础和业务管理数据支撑及主要业务信息管理等功能支撑。

3)数据方面

基于前期业务工作开展,城乡供水业务积累了部分城乡供水基础数据,部分重点饮用水水源地实现了在线监测,千吨万人以上农村供水工程运行实现了人工填报,积累了部分城镇供水管理数据和大部分农村供水管理数据。

7.节水

1)业务方面

节水业务主要依托国家水资源监控项目开展工作,针对用水总量和效率红线指标、用水定额、重点监控用水户监控等业务,已收集全国用水效率红线指标和考核结果、全国各省用水定额标准及评价信息、800 家重点监控用水户监测信息和计划用水等相关信息,为今后节水业务开展奠定了基础。

节水业务主要包括完善节水政策法规、推进各行业节水、严格节水监督管理、创新探索节水机制和加强节水宣传教育等5项业务工作。

(1)完善节水政策法规。贯彻《中华人民共和国国民经济和社会发展第十三个五年规划纲要》文件精神,落实节约用水工作要求,国家发展和改革委、水利部、住房城乡建设部印发《节水型社会建设“十三五”规划》(发改环资〔2017〕128号),统筹推进全国节水型社会建设。国家发展和改革委、水利部等九部委(局)联合印发《全民节水行动计划》(发改环资〔2016〕2259号),推进各行业、各领域、各环节节水。水利部、国家发展和改革委印发《“十三五”水资源消耗总量和强度双控行动方案》(水资源司〔2016〕379号),强化水资源的刚性约束。水利部在全国范围内开展县域节水型社会达标建设,指导各部门、各地区落实节水任务措施。编制《国家节水行动方案》(发改环资规〔2019〕695号),立足国家层面,以更大力度、更高标准、更强举措推动节水。

(2)推进各行业节水。农业节水方面,国务院办公厅印发《国家农业节水纲要(2012—2020年)》(国办发〔2012〕55号),强调全面做好农业节水工作,把节水灌溉作为经济社会可持续发展的一项重大战略任务。国家发展和改革委、财政部、水利部、农业农村部联合印发《关于贯彻落实〈国务院办公厅关于推进农业水价综合改革的意见〉的通知》(国办发〔2016〕2号),推进农业水价综合改革,促进农业节水、提高用水效率。国家发展和改革委、水利部组织编制了《全国大中型灌区续建配套节水改造实施方案(2016—2020年)》(发改农经〔2017〕889号),推进灌区续建配套与节水改造工程建设,探索建立节水奖励机制,选择部分具备条件的灌区以创新体制机制为核心,开展农业节水综合示范。指导推动灌区节水改造,推广高效节水灌溉方式,同时系统配套计量设施对取水和关键用水节点、供用水户的分界断面进行水量监测。工业节水方面,联合工业和信息化部发布两批国家鼓励的工业节水工艺、技术和装备名录及一批高耗水工艺、技术和装备淘汰名录,指导高耗水行业实施节水技术改造。城镇节水方面,实施城镇供水管网改造,推广生活节水器具,大中型城市节水器具普及率基本在80%以上。把非常规水源纳入水资源统一配置,推进非常规水源开发利用。

(3)严格节水监督管理。严格用水定额管理,出台38项高耗水工业行业取用水定额国家标准,建立省级用水定额滚动编制和备案管理制度,组织流域管理机构开展省级用水定额评估,指导31个省(自治区、直辖市)全部发布用水定额。水利部印发《计划用水管理办法》(水资源〔2014〕360号),对纳入取水许可管理的单位和其他用水大户实行计划用水管理。建立重点监控用水单位监管体系,将800家取水量大的用水单位纳入国家水资源管理系统,规范和强化在线监控,强化取用水监管。水利部印发《灌溉水利用率测定技术导则》(SL/Z 699—2015),对各省(自治区、直辖市)系数测算分析工作进行定量综合评价。

(4)创新探索节水机制。会同科技部开展节水型社会创新试点,确定在北京市房山区等4个地区集成示范推广水资源高效利用的先进实用技术。国家发展和改革委、水利部等部门联合印发《水效领跑者引领行动实施方案》(发改环资〔2016〕876号),明确在重点用水行业、灌区和用水产品等领域推进水效领跑者引领行动,已在钢铁、纺织染整等行业遴选出11家国家级水效领跑者,树立节水典型,带动用水企业节水标准提升;联合印发《关于推行合同节水管理 促进节水服务产业发展的意见》(发改环资〔2016〕1629号),出台《合同节水管理技术通则》(GB/T 34149—2017)等3项国家标准,引导社会资本参与推动节水产业投资和节水服务产业发展。建立水效标识制度,国家发展和改革委、水利部、国家质检总局印发《水效标识管理办法》(发改委令〔2017〕第6号),并率先对坐便器推行水效标识管理,推广高效节水产品,提高用水效率。在全国100个县启动推进小农水设施产权制度改革和创新运行管护机制工作,推动农业水价改革,探索农业节水典型案例,开展创建100家全国农民用水合作组织国家示范组织工作,80家农民用水合作组织通过了复核。

(5)加强节水宣传教育。在"世界水日""中国水周"集中举行内容丰富、形式多样的宣传活动,持续开展"节水在路上""节水中国行"等主题宣传,通过新闻媒体和其他行业资源宣传节水典型、节水知识,提高公众的节水意识。开通"节水护水在行动"微信公众号,联合教育部建设19家全国中小学节水教育社会实践基地,举办以中小学教师为对象的节水辅导员培训,累计培训近500名节水辅导员。组织编写节水案例汇编,把农业、工业、服务业和城镇生活的典型节水案例汇编成册,供社会各界参考学习,普及科学用水和节约用水知识。

2)系统方面

节水业务建设了国家水资源监控管理三级平台,基本实现了800家重点用水单位监控,开发了用水总量和效率红线指标管理、用水定额管理、计划用水等功能模块,积累了部分用水总量和效率红线指标和考核结果、省级用水定额及评价信息、重点用水单位监测信息等相关信息,为节水业务开展奠定了基础。

3)数据方面

基于前期业务工作的开展,节水业务初步构建了基础数据体系框架,实现了部分重点用水单位监测,积累了一些节水管理数据。

8.江河湖泊管理

1)业务方面

通过前期业务工作开展,已初步建成了全国河长制、湖长制管理体系,全国各省(自治区、直辖市)、市、县三级均成立了河长制办公室,承担河长制日常工作。同时在全国部分省(自治区、直辖市)集中组织开展河湖管理范围划界和水利工程划界确权工作,取得明显成效。在采砂管理方面,全国大江大河采砂管理基本维持总体可控、稳定向好的局面。

江河湖泊业务主要包括河长制和湖长制管理、水域岸线管理、河道采砂管理等3项业务工作。

(1)河长制和湖长制管理。在《关于全面推行河长制的意见》(厅字〔2016〕42号)印发后,水利部与国家发展和改革委、财政部、原国土资源部等十部委联合召开视频会议,对全面推行河长制工作做出系统安排;联合原环境保护部印发贯彻落实《关于全面推行河长制的意见》(厅字〔2016〕42号)实施方案。截至2018年6月底,各地已全面建立河长制。全面推行河长制、湖长制工作部际协调机制、督导检查机制、工作会商机制、考核评估机制基本建立。2019年,《水利部办公厅印发关于进一步强化河长湖长履职尽责的指导意见的通知》(办河湖〔2019〕267号)提出完善河长制、湖长制组织体系,推动河长制、湖长制从“有名”向“有实”转变，促进河湖治理体系和治理能力现代化。

2021年，按照水利部党组巡视整改“三对标、一规划”专项行动等要求，完善河湖管理体制机制法制，强化落实河湖长制，以长江、黄河等重要江河流域为重点，深入推进河湖“清四乱”常态化规范化，扎实开展河道采砂综合整治，加强河湖日常巡查管护，努力打造健康河湖、美丽河湖、幸福河湖，以优异成绩庆祝建党100周年。

2022年，从河流整体性和流域系统性出发，强化体制机制法制管理，严格河湖水域岸线空间管控和河道采砂管理，纵深推进河湖“清四乱”常态化规范化。

2023年，坚持“节水优先、空间均衡、系统治理、两手发力”治水思路，统筹水资源、水环境、水生态，强化体制机制法制管理，严格河湖水域岸线空间管控和河道采砂管理，纵深推进河湖“清四乱”常态化规范化，推动各级河湖长和相关部门履职尽责。

针对河湖存在的突出问题，水利部先后开展了4次督导检查和1次暗访，部署了长江干流岸线保护和利用专项检查行动、长江经济带固体废物点位排查、全国河湖“清四乱”专项行动、采砂专项行动，指导督促各地组织开展河湖整治，全面改善河湖面貌。

(2)水域岸线管理。2014年，水利部印发《关于开展全国河湖管理范围和水利工程管理与保护范围划定工作的通知》(水建管〔2014〕285号)，组织各地开展划界确权工作，各地河湖管理范围和水利工程管理与保护范围划界工作正在推进实施。

水利部指导各流域管理机构和地方水行政主管部门实施河道管理范围内建设项目工程建设方案审批，定期对由流域管理机构审批的大江大河、主要支流、跨省河流的河道管理范围内建设项目工程建设方案进行公告。

(3)河道采砂管理。2008年，水利部批准了《河道采砂规划编制规程》(SL 423—2008)，规范和指导河道采砂规划的编制工作。各地水行政主管部门根据本地河湖管理需要，编制了相关河湖的采砂规划。同时水利部、原国土资源部、原交通部成立了河道采砂管理合作机制领导小组，三部门分管领导任组长，办公室设在水利部，建立了常态化的巡江检查和明察暗访机制，针对采砂进行综合执法监管。2016年12月1日起，最高人民法院、最高人民检察院出台司法解释，将非法采砂入刑，依据《中华人民共和国刑法》按“非法采矿罪”处理，有力震慑了非法采砂的黑恶势力。各地也积极开展河湖非法采砂专项整治，保持对非法采砂的高压严打态势。2021年，推动出台《河道采砂管理条例》。指导督促地方及时查处零星盗采、“蚂蚁搬家式”偷采等问题，保持高压严打态势，严厉打击非法采砂行为。

2022年，水利部指导督促各地严格落实河道采砂管理责任制，5月1日前向社会公布重点河段、敏感水域采砂管理河长、水行政主管部门、现场监管和行政执法责任人名单，接受社会监督。研究制定采砂管理责任人履职规范。

2023年，《2023年河湖管理工作要点》提出，建成并应用河道采砂许可电子证照系统，全面推行河道采砂许可电子证照。会同交通运输等部门全面落实河道砂石采运管理单制度，强化河道砂石开采、运输、堆存等全过程监管。具有采砂任务的河道基本实现采砂规划全覆盖。鼓励和支持规模化统一开采，以规划为依据依法许可采砂，加强事中事后监管，规范河道疏浚砂利用，统筹好河道治理保护和砂石资源利用。

2)系统方面

江河湖泊业务建设了全国河长制信息管理、水域岸线管理等信息系统,部分流域和地方建设了河道采砂管理信息系统,实现了河长制办公室基础数据、"清四乱"活动、巡河情况等信息的管理,开发了水域岸线划界确权登记、涉河建设项目管理等功能模块,部分流域区域实现了重点河段、水域的采砂管理,为河长制、湖长制提供了基础数据和部分业务数据,为水域岸线管理和采砂管理奠定了基础。

3)数据方面

基于前期业务工作开展,江河湖泊业务基本掌握了基础数据,实现部分重点对象的监测,积累了大量业务管理数据。

9.水土保持

1)业务方面

经过多年的建设与发展,水土保持业务工作正全面、有序地开展。能够对生产建设活动和水土流失综合治理工作进行有效监督管理,能够通过调查掌握全国水土流失情况。

水土保持业务主要包括生产建设活动监督管理、水土流失综合治理、水土保持监测管理、规划考核、其他业务等工作。

2)系统方面

水土保持业务建设了水土保持监测、水土保持监督管理、重点工程管理等信息系统,实现了重点防治区和生产建设项目集中区的水土流失监测,实现了生产建设项目水土保持监督检查、监测监理、补偿费征收、行政执法等业务管理,以及重点治理工程项目管理信息填报和统计,为水土流失各业务提供了较有力的数据和功能支撑。

3)数据方面

基于前期业务工作开展,水土流失业务建设了体系较为完备的基础数据体系,初步实现了重点防治区"天地一体化"监测,业务管理数据基本实现了数字化和空间化。

10.水利监督

1)业务方面

水利监督业务工作主要集中于组建水利督查队伍,构建水利部统一领导、监督司牵头抓总、各司局分工配合、各流域和业务支撑单位具体实施、地方各级水行政主管部门自查自纠的"大督查"框架体系,形成"地方自查+流域检查+监督司督查"为主体的水利监督体系。水利部、水利部督查办、流域督查办和省级及以下水行政主管部门根据自身职责开展监督工作。

水利监督业务主要包括监督检查、安全生产监管、工程质量监督、行业稽查等4项业务工作。

(1)监督检查。

国务院发布涉及水利的重大政策方针、决策部署和重点工作,例如《中共中央 国务院关于加快水利改革发展的决定》(中发〔2011〕1号)等重要水利行业重大决策文件。

水利部在水利监督方面的主要业务包括:负责提出监督检查工作总体目标和基本要求;组织拟订年度监督检查计划、专项监督检查计划等并组织实施;组织制定水利监督检查工作制度并监督实施;统计提出监督检查发现的问题清单,复核抽查问题整改情况,提出责任追究意见建议;指导监督检查队伍管理和业务培训(以上为水利部监督司职责);提出各项水利业务的年度监督检查需求,提供业务工作标准和督查依据;督促本业务领域内的问题整改落实(以上为其他业务主管司局职责)。

水利部督查办的业务定位和目标如下:对中央预算投资项目、水利部和各流域管理机构直管项目情况开展监督检查;承担水利部领导特定"飞检"任务的具体实施;负责各流域督查办监督检查工作成果的汇总、梳理,发现问题的统计、分析,监督检查报告的编制、上报等;受监督司委托,对流域督查办提供技术支持,实施业务指导,开展业务培训。

流域督查办的业务定位和目标如下:按照水利部部署的监督检查任务,在流域管理范围内,对水利行业风险要素,水利大政方针落实情况,"3·14"讲话贯彻落实重点和政府工作报告任务,中央专题部署、国务院领导批示重点工作等四大方面开展不间断督查工作;按照水利部监督司统一部署,执行专项监督检查任务。按照流域管理机构有关督查工作的部署和要求,承担负责流域范围内不间断督查、专项督查等任务的具体执行。

省级及以下水行政主管部门的业务定位和目标如下:负责本行政区域内的水利监督问题整改、向上级水行政主管部门报送整改情况,组织本行政区域内水利监督问题的自查自纠。

(2)安全生产监管。

国务院发布涉及水利安全生产重点工作和重要决策等,例如《国务院关于进一步加强企业安全生产工作的通知》(国发〔2010〕23 号)、《国务院关于坚持科学发展 安全发展 促进企业生产形势持续稳定好转的意见》(国发〔2011〕40 号)等相关重要文件。

水利部从直属管理和行业监管的两个维度出发,对水利安全生产过程中的安全事故、隐患、危险源进行分级管控和监督管理,实现对事故、隐患及危险源的全周期管理;开展定期和不定期的各项安全生产检查工作,并对检查过程中发现的隐患等各类问题进行跟踪,实现闭环管理;同时,组织并开展面向全国的安全生产考核工作,组织对水利企事业单位进行安全生产教育培训,实现对相关企事业单位及项目法人的特种设备、信用、执法情况的管理。此外,对水利部直属及部分资质满足条件的水利企事业单位的标准化达标及施工企业的安全生产"三类人员"进行考核。

流域管理机构和各级水行政主管部门实现与水利部在安全生产监管业务上的业务信息互联互通,并参照水利部的安全生产监管体系,进行安全生产管理工作;同时,接收水利部的安全生产检查等业务工作。

水利企事业单位开展日常安全生产信息的内容填报,并将信息及时报送上级水行政主管部门,同时,配合上级水行政主管部门的安全生产检查、隐患督办等各项业务工作;进行企业安全生产标准化建设工作,对水利施工企业进行安全生产"三类人员"考核的申请和管理。

(3)工程质量监督。由水利部及各级水行政主管部门组织实施水利工程质量监督,组织或参与重大水利工程质量的调查处理。在水利部设置质量监督总站,在各级水行政主管部门设置质量监督分站,按照有关制度要求,对在建水利工程项目开展质量巡检工作,同时,对重要的工程项目进行抽检,适当情况下可委托专业检测机构进行专项工作质量检查。对发现建设质量问题的工程,对项目法人发布整改通知,并持续跟踪整改过程。

各水利质量监督分站及时向总站报送质量监督情况，同时总站对直管的在建工程项目实行质量监督监测，全面实现对在建水利工程质量的全面监督管理。

(4)行业稽查。行业稽查业务由水利部和各级水行政主管部门依据有关法律、法规、规章、规范性文件和技术标准等，对水利建设项目组织实施情况进行监督检查。主要业务包括稽查计划制订、稽查项目确定、稽查成果管理、稽查资料管理等。第一，按照法规制度要求，制订年度稽查工作计划，并确定批次稽查方案、稽查组人员构成、稽查项目等内容；第二，水利部统一管理全国在建水利建设项目的基本情况，各级水行政主管部门分管辖区水利建设项目情况，对重大水利工程的稽查档案进行管理并建立稽查项目库；第三，在稽查执行过程中，明确稽查问题，对问题分类归纳，分级分等，对整改情况进行统计汇总，生成建设项目稽查工作档案；第四，统计稽查工作信息，编制稽查报告、稽查整改意见、问题整改反馈报告及维护稽查专家库。

2)系统方面

水利监督业务建设了水利安全生产监管信息化系统，实现了安全生产信息常态化上报，开发了安全生产信息采集、危险源监管、隐患监管、事故管理、安全生产检查、水利稽查、标准化评审、“三类人员”考核、决策支持等功能模块，初步支撑水利安全生产监管和水利项目稽查业务。

3)数据方面

基于前期业务工作开展，水利监督业务积累了安全生产监管等方面的基础数据与部分业务管理数据。

第三节　智慧水利存在的问题与对策

一、存在的问题

近年来的水利信息化建设虽然取得了较大成绩，智慧水利建设已进行了积极探索，但水利行业总体上还处于智慧水利建设的起步阶段，与智慧社会建设的要求相比，与交通、电力、气象等部门的智慧行业相比，与推进国家水治理体系和治理能力现代化的需求相比，在以下几个方面都存在较大差距。

(一)透彻感知不够

1.感知覆盖范围和要素内容不全面

流域面积3 000 km^{2}以上河流中布设水文测站的河流仍不全面，流域面积200 km^{2}以下的河流、滨海区和感潮河段、小面积湖泊及防洪排涝重点城市的水文监测设施不足，土壤墒情和地下水超采区监测站网密度不足，部分中型水库和50%的小型水库没有库水位等水文监测设施；水土保持监测站点在人口密集、人类活动频繁的地区布局明显不足，无法真实客观地反映实际情况；全国约1/3的中型水库、90%以上的小型水库、大多数堤防、中小型水闸等缺乏监测，泵站、引调水工程、淤地坝、农村水电站、农村集中式供水设施等水利工程运行安全监测设施不足；水资源开发利用业务中行政断面实际监测覆盖率不高，万亩以上灌区斗口取水和千吨万人以上集中农村供水等规模以上取用水单位监测不全；

河湖管理对于排污、水生态、岸线开发利用、河道利用、涉水工程、河湖采砂等监控设施不足。

2.感知自动化智能化程度低,技术落后

监测技术和手段方面自动化程度不高,仅有部分河流湖泊、大中型水利工程开展了自动监测采集;新型传感设备、智能视频摄像头、定位技术和卫星无人机遥感等新技术应用不足;监测仍以单点信息采集为主,存在测不到、测不准、测不全等问题,缺乏点、线、面协同感知;应急监测装备能力低、应急监测手段不足。

3.通信保障能力不足

现有感知通信网络覆盖不全、带宽不足、通信基础薄弱,物联网技术未得到广泛应用;应急通信装备和应急抢险通信保障能力严重不足。

(二)信息基础设施不强

1.水利业务网传输能力不足

部分县级水利部门未连接到水利业务网,仅有个别省(自治区、直辖市)的水利业务网通达乡镇级水利单位,工程管理单位联通率更低,导致水利信息系统无法实现"三级部署、五级应用";水利业务网骨干网带宽大都仅有 8 Mbit/s,与其他行业近百兆比特每秒甚至 1 Gbit/s 的带宽相比差距巨大。这些问题已经成为发展云计算、大数据处理、人工智能等技术应用的掣肘。

2.云计算能力不足

在水利大数据管理和分析应用中涉及大量非结构化数据,数据挖掘分析和大数据模型运算需要强大的并行计算能力,这些现有的基础软硬件无法提供足够的支撑。

3.存储资源不够

现阶段水利行业不少业务除需要结构化数据外,还需要大量非结构化数据的支撑,包括图片、图像、视频等,随着业务的持续开展,数据资源总量呈快速增长趋势。

4.备份保障能力不足

截至 2017 年底,全国省级以上水利部门中仅有 23 家单位实现了同城异地备份,26 家单位实现了远程异地容灾数据备份,整体容灾数据备份能力明显不足。

(三)信息资源开发利用不够

1.内部整合不够

水利信息化普遍存在着分散构建的现象,造成水利信息化建设成果"条块分割""相互封闭",无法实现信息资源的有效流动、基础设施的共用共享、业务应用的交互协同,严重制约信息资源整体化效益的发挥。

2.外部共享不足

主要接入了防汛需要的部分气象数据、测绘部门的基础地理数据、部分工商部门注册的企业数据等,环保、交通、国土、住建、工信、民政等部门的相关数据还不能做到部门间共享;对互联网数据的应用处于起步阶段,仅在水旱灾害防御等少量业务领域进行了一些尝试,未开展业务化运营。

(四)应用覆盖面和智能化水平不高

1.系统和业务融合不深入

节水、城乡供水等业务缺乏可用的信息系统支撑,抗旱、工程建设信息化水平总体偏低,河长制与湖长制、水利监督等业务信息系统支撑不足,水利工程安全运行、水资源开发利用等业务信息系统使用不足,洪水、水土流失等业务智能化水平不高,水利业务系统整体支撑能力不足、应用效果不强。

2.创新能力不足

水利信息化主要是对现有管理模式的简单复制,大部分做不到流程再造、管理模式创新。

3.前沿信息技术应用水平不高

高新信息技术的潜能尚未得到充分挖掘,应用效果不够明显,水利业务应用系统主要以展示查询、统计分析、流程流转、信息服务等功能为主,大数据、人工智能、虚拟现实等技术尚未得到广泛应用,整体水平不能满足应用需求。

4.智能便捷的公共服务欠缺

水利产品和服务多围绕供给侧和管理需要,以公众的需求侧作为出发点的服务产品相对缺乏。

(五)网络安全防护能力不足

1.网络安全等级保护建设仍有欠缺

全国省级以上水利部门的 1 000 余个应用系统中,通过等级保护测评的数量不到1/3。

2.信息系统尤其是工控系统安全防护体系不健全,安全防护水平不高

大型水利工程控制系统核心设备和软件大多存在安全隐患,尚未实现以国产化为主,且大部分工控系统设备老旧,安全风险高,网络安全体系无法满足新技术的发展需要,对云计算、大数据、物联网、移动互联网等新技术缺乏防护手段。

3.威胁感知应急响应能力不足

威胁感知应急响应能力不足,无法掌握网络安全态势并及时主动发现处置网络安全风险威胁。

(六)保障体系建设不够健全

1.思想认识不到位

守旧思想较为普遍,不能充分认识水利信息化存在的差距,认为水利信息化建设只是信息化部门的职责,业务部门不用大力参与建设。

2.体制机制不够健全

充分适应新时代水利信息化建设的组织体系、规章制度、法律法规、考核体系等体制机制不够健全。

3.标准规范不够完善

与新一代信息技术应用要求相配套的水利装备、物联通信、网络安全、应用支撑、系统建设与运行维护等技术和管理标准欠缺。

4.资金投入不足

相对水利工程建设,水利信息化总体投入比重偏低,持续投入不足。

5.人才配置不充分

云计算、物联网、大数据、人工智能等新一代信息技术人才储备不足,信息化人才总体

数量偏少、配置不充分。

6.科技创新应用不足

缺少技术创新激励机制，水利科技创新动力不足，前沿技术在水利行业的创新研究与应用不够。

7.运行维护体系不完善

重建设、轻运行维护的现象普遍存在，信息化建设成果的继承性不够，持续应用效果偏低。

（七）数据分析技术不够先进

水利工程数据存在信息多、种类杂、体量大的特点，而数据分析技术难以全部适用，缺乏针对性，或者说缺乏统一性，导致数据的分析结果误差较大，实际应用效果不佳。如水文系统，是地球上最大、最复杂的动态系统，其子系统同样复杂，包括大气层、海洋系统、河流系统、冰川系统、地下水系统等。

二、应对策略

智慧水利建设是全国性的问题，水利行业是我国基础产业，需要优先发现并实现可持续发展，从而有利于保障国民经济建设。智慧水利建设应在国家、水利部门的统一规划、统一领导的前提下进行联合建设，遵循智慧水利建设的基本方针，实现水利信息共享，推动水利事业的发展和水利建设技术的优化，促进我国社会经济建设和公共服务水平。智慧水利的建设要适应社会经济基础建设和基础产业的地位。构建统一、协调的水利工程管理机制，加强水资源保护工作，对各区域的防洪、排涝、供水、水土保持、地下水回灌等实施有效的规划和管理。在对智慧水利建设进行规划时要结合当地实际需求，同时要考虑到长期发展的目标。提高智慧水利建设项目的服务水平，重视水资源保护，通过利用已有资源，循序渐进地完善水资源管理体系。智慧水利项目建设中应结合现代信息技术的合理应用，保证水利工程的正常和稳定运行。利用现有的信息资源，将其进行优化整合，建立共建共享机制，实现信息资源共享，不断提高工作人员的专业水平和综合素质，加强专业人员队伍建设，推进水利事业的可持续发展。

（一）高层次推动智慧水利建设

智慧水利建设对于完善水治理体系，提升水治理能力，驱动水利现代化具有重要战略意义，是当前和今后一段时期水利工作的重要任务。这项工作涉及面广，协调难度大，事关工作模式改变和业务流程再造，主要负责同志亲自挂帅，协调整合资源，集中力量攻关，才能有效推进。

（二）高起点谋划智慧水利建设

智慧水利建设是一项复杂的系统工程，要作为一个有机整体通盘考虑。从层级上既要考虑智慧机关，又要考虑智慧流域，还要考虑区域智慧水利，专业更要实现统筹兼顾。应抓紧制定智慧水利建设总体方案，科学确定目标任务，合理设计总体架构，构建统一编码、精准监测、高效识别的网格，高起点做好顶层设计。

（三）高标准夯实智慧水利基础

由于智慧水利涉及的数据和业务快速增长，信息技术发展日新月异，信息基础设施后续改造提升的困难较大，要改变以往单要素、少装备、低标准的做法，适应智慧水利建设的需要，统筹全局，着眼长远，构建适度超前的智慧水利技术装备标准，为技术进步、功能扩展和性能提升预留发展空间。要构建全要素动态感知监测体系和“天地一体化”水利监测监控网络，实现涉水信息的全面感知。要建设高速泛在的信息网络和高度集成的水利大数据中心，实现网络的全面覆盖、互联互通和数据的共享共用。要建立多层次一体化的网络信息安全组织架构，同城和异地容灾数据备份体系，以防为主、软硬结合的信息安全管理体系，保障网络信息安全。

（四）高水平推进智慧水利实施

智慧水利是一项全新的复杂的系统工程，必须充分发挥外脑优势，集中各行各业人才资源。联合和引入有经验、有实力的知名互联网企业，参与到智慧水利建设的规划、设计和实施等各个阶段，保证智慧水利建设的先进性。建立多层次、多类型的智慧水利人才培养体系，创新人才培养机制，积极引进高层次人才，鼓励高等院校、科研机构和企业联合培养复合型人才，形成多形式、多层次、多学科、多渠道的人才保障格局，打造智慧水利领域高水平人才队伍。

（五）创新智慧水利建设投入机制

按照智慧水利建设和发展需求，在统筹利用既有资金渠道的基础上，积极拓宽项目资金来源渠道，强化资金保障，以推进智慧水利基础设施建设。探索可持续发展机制，吸引社会资本，以政府购买服务、政府和社会资本合作等模式参与智慧水利建设和运营，推动技术装备研发与产业化。鼓励金融机构创新金融支持方式，积极探索产业基金、债券等多种融资模式，为智慧水利建设提供政策性金融支持。

第二章 智慧水利的核心技术

第一节 人工智能

一、人工智能技术

人工智能(artificial intelligence,AI)的定义可以分为两部分,即“人工”和“智能”。“人工”比较好理解,争议性也不大。有时,我们要考虑什么是人力所能及的,或者人自身的智能程度有没有高到可以创造人工智能的地步,等等。但总体来说,“人工系统”就是通常意义下的人工系统。

关于什么是“智能”,这涉及其他诸如意识(consciousness)、自我(self)、思维(mind)(包括无意识的思维,unconscious mind)等问题。人唯一了解的智能是人本身的智能,这是普遍认同的观点。但是我们对自身智能的理解都非常有限,对构成人的智能的必要元素也了解有限,所以就很难定义什么是“人工”制造的“智能”了。因此,人工智能的研究往往涉及对人的智能本身的研究。其他关于动物或其他人造系统的智能也普遍被认为是人工智能相关的研究课题。人工智能在计算机领域内得到了愈加广泛的重视,并在机器人、经济政治决策、控制系统、仿真系统中得到应用。

尼尔逊教授对人工智能下了这样一个定义:“人工智能是关于知识的学科——怎样表示知识以及怎样获得知识并使用知识的科学。”而麻省理工学院的温斯顿教授认为:“人工智能就是研究如何使计算机去做过去只有人才能做的智能工作。”这些说法反映了人工智能的基本思想和基本内容,即人工智能是研究人类智能活动的规律,构造具有一定智能的人工系统,研究如何让计算机去完成以往需要人的智力才能胜任的工作,也就是研究如何应用计算机的软、硬件来模拟人类某些智能行为的基本理论、方法和技术。

人工智能是研究使计算机来模拟人的某些思维过程和智能行为(如学习、推理、思考、规划等)的学科,主要包括计算机实现智能的原理、制造类似于人脑智能的计算机,使计算机能实现更高层次的应用。人工智能涉及计算机科学、心理学、哲学和语言学等学科,可以说几乎涵盖了自然科学和社会科学的所有学科,其范围已远远超出了计算机科学的范畴,人工智能与思维科学的关系是实践和理论的关系,人工智能处于思维科学的技术应用层次,是它的一个应用分支。从思维观点看,人工智能不仅限于逻辑思维,还要考虑形象思维、灵感思维才能促进人工智能的突破性发展。数学常被认为是多种学科的基础科学,数学也进入语言、思维领域,人工智能学科必须借用数学工具。数学不仅在标准逻辑、模糊数学等范围内发挥作用,而且进入人工智能学科,它们将互相促进而更快地发展。

20世纪50年代到60年代初是人工智能发展的初级阶段。这一时期的研究主要集中在采用启发式思维和运用领域知识,编写了包括能够证明平面几何定理和能与国际象棋大师下棋的计算机程序。在图灵(Alan Turing)所著的《计算机器与智能》中,讨论了人类智能机械化的可能性并提出了图灵机的理论模型,为现代计算机的出现奠定了理论基础;与此同时,该文中还提出了著名的图灵准则,现已成为人工智能研究领域最重要的智能机标准。同一时期,Warren Me Culloeli 和 Walter Pitts 发表了《神经活动内在概念的逻辑演算》,该文证明了一定类型的、可严格定义的神经网络,原则上能够计算一定类型的逻辑函数,开创了人工智能研究的两大类别,即符号论和联结论。自 1963 年后,人们开始尝试使用自然语言通信。这标志着人工智能的又一次飞跃。如何让计算机理解自然语言、自动回答问题、分析图像或图形等成为 AI 研究的重要目标。由此,AI 的研究进入了第二阶段。20 世纪 70 年代,在对人类专家的科学推理进行了大量探索后,一批具有专家水平的程序系统相继问世。知识专家系统在全世界得到了迅速发展,它的应用范围延伸到了各个领域,并产生了巨大的经济效益。20 世纪 80 年代,AI 进入以知识为中心的发展阶段,越来越多的人认识到知识在模拟智能中的重要性,围绕知识表示、推理、机器学习,以及结合问题领域知识的新认知模拟进行了更加深入的探索。目前,人工智能技术正在向大型分布式人工智能及多专家协同系统、并行推理、多种专家系统开发工具,以及大型分布式人工智能开发环境和分布式环境下的多智能体协同系统等方向发展。

二、机器学习

机器学习是一门多领域交叉学科,涉及概率论、统计学、近似理论和算法复杂度理论等知识。机器学习以计算机作为工具,致力于真实、实时地模拟人类学习方式,对现有内容进行知识结构划分,以有效提高学习效率。

人的学习有两种基本方法:一个是演绎法,一个是归纳法。这两种方法分别对应人工智能中的两种系统:专家系统和机器学习。所谓演绎法,是从已知的规则和事实出发,推导新的规则、新的事实。这对应于专家系统。专家系统是早期的人工智能系统,它也被称为规则系统。找一组某个领域的专家,如医学领域的专家,他们会将自己的知识或经验总结成一条条规则,例如,某个人体温超过 37 ℃、流鼻涕、流眼泪,那么他就是感冒,这就是一条规则。当这些专家将自己的知识、经验输入到系统中,这个系统便开始运行,每遇到新情况,会将之变为一条条规则。当将事实输入到专家系统时,专家会根据规则进行推导、梳理,并得到最终结论。这便是专家系统。而归纳法是对现有样本数据不断地观察、归纳、总结出规律和事实。它对应机器学习或统计学习系统,侧重于统计学习,即从大量的样本中统计、挖掘、发现潜在的规律和事实。

机器学习是人工智能及模式识别领域的共同研究热点,其理论和方法已被广泛应用于解决工程应用和科学领域的复杂问题。2010 年的图灵奖获得者为哈佛大学的 Leslie Vlliant 教授,其获奖工作之一是建立了概率近似正确(probably approximately correct, PAC)学习理论;2011 年的图灵奖获得者为加州大学洛杉矶分校的 Judea Pearll 教授,其主要贡献为建立了以概率统计为理论基础的人工智能方法。这些研究成果都促进了机器学习的发展和繁荣。

机器学习是研究怎样使用计算机模拟或实现人类学习活动的科学,是人工智能中前沿的研究领域之一。自 20 世纪 80 年代以来,机器学习作为实现人工智能的途径,在人工智能界引起了广泛的关注。特别是近十几年来,机器学习领域的研究工作发展很快,它已成为人工智能的重要课题之一。机器学习不仅在基于知识的系统中得到应用,而且在自然语言理解、非单调推理、机器视觉、模式识别等许多领域也得到了广泛应用。一个系统是否具有学习能力已成为其是否具有“智能”的一个标志。机器学习的研究主要分为两类:第一类是传统机器学习的研究,该类研究主要是研究学习机制,注重探索模拟人的学习机制;第二类是大数据环境下机器学习的研究,该类研究主要是研究如何有效利用信息,注重从巨量数据中获取隐藏的、有效的、可理解的知识。

机器学习历经 70 多年的曲折发展,以深度学习为代表借鉴人脑的多分层结构、神经元的连接、交互信息的逐层分析处理机制,自适应、自学习的强大并行信息处理能力,在很多方面收获了突破性进展,其中最有代表性的是图像识别领域。

机器学习的目标就是在一定的网络结构基础上,构建数学模型,选择相应的学习方式和训练方法,学习输入数据的数据结构和内在模式,不断调整网络参数,通过数学工具求解模型最优化的预测反馈,提高泛化能力、防止过拟合。机器学习算法主要是指通过数学及统计方法求解最优化问题的步骤和过程。

三、深度学习

深度学习(deep learning,DL)是机器学习(machine learning,ML)领域中一个新的研究方向,它被引入机器学习使其更接近于最初的目标——人工智能。

深度学习是学习样本数据的内在规律和表示层次,在学习过程中获得的信息对诸如文字、图像和声音等数据的解释有很大的帮助。它的最终目标是让机器能够像人一样具有分析和学习的能力,能够识别文字、图像和声音等数据。

深度学习在搜索技术、数据挖掘、机器学习、机器翻译、自然语言处理、多媒体学习、语音、推荐和个性化技术,以及其他相关领域都取得了很多成果。深度学习使机器模仿视、听和思考等人类活动,解决了很多复杂的模式识别难题,使人工智能相关技术取得了很大进步。

第二节　感知网络技术

一、传感器与物联网

传感器(transducer/sensor)是一种检测装置,能感受到被测量的信息,并能将感受到的信息按一定规律变换为电信号或其他所需形式的信息输出,以满足信息的传输、处理、存储、显示、记录和控制等要求。传感器的特点有微型化、数字化、智能化、多功能化、系统化和网络化。它是实现自动检测和自动控制的首要环节。传感器的存在和发展,让物体有了触觉、味觉和嗅觉等感官,让物体慢慢“活”了起来。通常,根据其基本感知功能,可分为热敏元件、光敏元件、气敏元件、力敏元件、磁敏元件、湿敏元件、声敏元件、放射线敏感元件、色敏元件和味敏元件等十大类。

人们为了从外界获取信息,必须借助感觉器官。而单靠人们自身的感觉器官,在研究自然现象和规律及生产活动中,功能就远远不够了。为适应这种情况,就需要传感器。因此,可以说,传感器是人类五官的延伸,所以它又被称为电五官。新技术革命以来,世界开始进入信息时代。在利用信息的过程中,首先要解决的就是获取准确、可靠的信息,而传感器是获取自然和生产领域中信息的主要途径与手段。

传感器网络是物联网技术的核心组成部分,它是物联网技术应用不可或缺的技术。随着无线通信网络和信息化技术的快速发展,近年来,传感器正由传统学科逐渐向无线智能网络化方向扩展。无线传感器网络(wireless sensor network,WSN)作为研究热点之一,涉及多个学科,因其具有灵活性、经济性和容错性等优势,应用价值很高,受到国内外学者的高度关注。《技术评论》将 WSN 评为对人类未来生活产生深远影响的十大新兴技术之一,并在社会各领域做了大量的研究,为 WSN 的推广应用奠定了基础。WSN 在水利行业的应用,目前还处于探索阶段,具有巨大的市场空间和应用价值,必将成为不可替代的关键角色。

传感器网络主要包括传感器节点、汇聚节点和管理节点,如图 2-1 所示。节点是组成 WSN 的基本单位,是构成 WSN 的基础平台。其中,传感器节点由传感单元、处理单元、通信单元及电源模块组成。前三个单元主要负责采集监测对象的信息及数据的初步处理,然后按照特定无线通信协议进行信息传输;电源模块负责节点的驱动,是决定网络生存期的关键因素,可根据需要采用无线传感器自带电源或配备电源适配器两种方式。

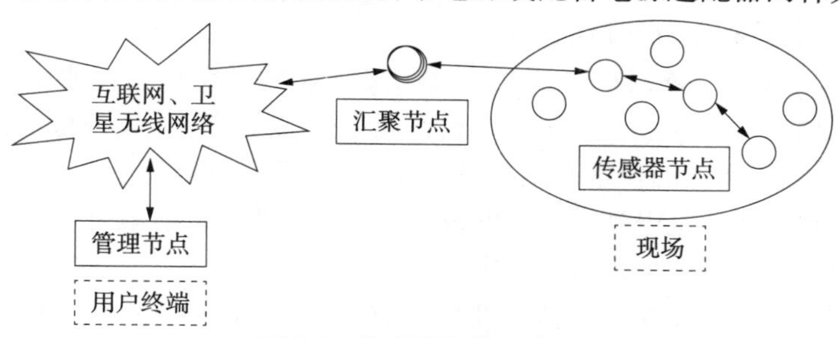

图 2-1 传感器网络示意图

无线传感器节点可根据需要布置在水库大坝、水电站、泵站及灌区等,其监测的水位、雨量、流量、水质及温/湿度等数据沿着其他节点逐条进行传输,经过多跳路由到达汇聚节点。汇聚节点将无线传感器节点收集到的信息汇集到一起。汇聚节点是传感器网络和互联网等外部网络的接口。它一方面将传感器节点接收到的信息发送给外部网络,另一方面向传感器节点发布来自管理节点的指令,起到中间桥梁的作用。管理节点直接面向用户,通过管理节点对传感器网络进行合理配置和管理,发布监测任务及收集监测数据。

物联网(internet of things,IOT)是指通过各种信息传感器、射频识别技术、全球定位系统、红外感应器、激光扫描器等装置与技术,实时采集任何需要监控、连接、互动的物体或过程,采集其声、光、热、电、力学、化学、生物、位置等各种信息,通过各类可能的网络接入,实现物与物、物与人的泛在连接,实现对物品和过程的智能化感知、识别和管理。物联网是一个基于互联网、传统电信网等的信息承载体,它让所有能够被独立寻址的普通物理对象形成互联互通的网络。

物联网是新一代信息技术的重要组成部分,意指物物相连、万物互联。因此,有"物联网就是物物相连的互联网"的说法。这有两层意思:第一,物联网的核心和基础仍然是互联网,是在互联网基础上延伸和扩展的网络;第二,其用户端延伸和扩展到了任何物品与物品之间,进行信息交换和通信。因此,物联网的定义是通过射频识别、红外感应器、全球定位系统、激光扫描器等信息传感设备,按约定的协议,把任何物品与互联网相连接,进行信息交换和通信,以实现对物品的智能化识别、定位、跟踪、监控和管理的一种网络。物联网技术在水利行业中的应用现状主要表现在以下几个方面。

(1)在水利行业中物联网技术中的专业传感器技术已经较为成熟。水利工程大多数的工作都是在户外完成的,距离上跨度非常大,同时还具备一定的危险性,因此安全操作规范条例较为严格。我国从设置水利监测工作开始就提倡使用自动化和半自动化的监测技术来进行监测,这种技术可以在很大程度上保证工作人员的安全性。另外,许多工作人员在不断使用各种设备的过程中积攒了很多工作经验,并且其对设备的功能、特点十分熟悉,可以为设备研究专家提供发展新型传感器等设备的意见。

(2)水利监测工作中融入了传感网络体系的应用。水利监测工作中的许多工作都需要使用传感网络体系,如水文和水质的监测、防洪抗旱、农业灌溉等。这些水利工作都需要使用相关的传感网络技术。为了及时地进行水利监测工作,我国已经建立了可以覆盖全国的水情管理网络,并且设置了专门进行各地水利信息收集的通信网络,对于我国水利工作信息化的开展具有十分积极的作用。

(3)在我国建成了一条相对完整的传感网络产业链。在水利行业中,传感监测网络技术得到了广泛的运用,并且迅速成为水利行业进行工作时所使用的重要技术之一,为水利工作的进行奠定了坚实的技术基础。另外,随着传感网络技术的迅速发展,与传感网络技术相关的软、硬件行业也得到了相应的发展。到目前为止,我国已经建成了完整的产业链条,而链条中的相关行业也进行了一定的自我发展。社会上的一些研究单位意识到这个产业链条的发展价值,正在投入精力进行一些先进技术的研发,并且期望通过过硬的产品在这个产业链条中占据一定的位置。

物联网在水利行业中的应用发展可以从以下几个方面入手。

(1)整合核心技术。为了更好地实现水利资源信息的收集与共享,需要综合运用物联网技术。其中,无线网络传感器、RFID、3S、MSTP、4G、云计算等技术是物联网技术的核心,这些技术整合在一起就可以实现系统的整体融合,实现水利信息共享的目的。为了能够使相关部门及时掌握全国各地的水利信息,可以利用物联网技术进行防旱抗洪、水质检测、水利建立与运行、水土保持监测与管理、水利信息等多个公共服务平台的建设,并且使这些公共服务平台具备全面而综合的水利信息资料,使社会、政府相关部门、各企业单位、个人都能够进行水利资料的查阅。

(2)实现智能化管理。MSTP、3S、4G、云计算、智能感知技术是物联网技术实现智能化管理的重要技术,这些技术可以实现水利信息采集的智能化,提高工作人员的采集效率,还可以直接利用网络技术来进行水利信息的处理,并且可以直接进行网络化信息共享。除此之外,还能够使用信息监测与视频监控技术,及时发现水源污染。

(3)建立水环境监测系统。部分企业为了实现经济效益最大化,罔顾生态环境保护需求，选择了污染水环境的生产方式，使得我国水资源污染现象十分严重，导致了水环境的恶化，破坏了周围的生态环境。基于这一情况，水环境保护部门已经提出利用物联网技术开展实时监控，加大对工业污染排放的监管力度。水利部门可以根据不同河段排污口的监管，掌握水资源的污染状况，保证水环境质量。另外，还可以设置智能计量的监控工作，这样可以减少水资源的浪费，并且可以使用物联网技术中的传感器与无线网通信设备来进行资料收集和整理工作，同时再通过这些设备进行信息的传递，方便工作人员准确地掌握水资源的使用情况。发生任何水资源的使用异常状况，工作人员都可以及时进行检查。

(4)收集水质信息。物联网技术的应用能让工作人员全面掌握水资源的水质情况，为相关部门进行水资源的利用与管理提供资料支持。相关部门可以利用物联网建立信息采集系统、水雨情信息采集系统、灾情信息采集系统等信息系统，且通过不同系统中的警报功能来实现防旱、防风、防汛。利用信息采集系统，工作人员可以根据实际需求了解某一流域的水资源状况，将水资源和当时的雨水状况、旱灾状况、洪灾状况等状况整合起来，形成数字化的信息环境平台，为进行决策提供全面、可靠的数据。在防止灾害方面，水利部门可以利用物联网建设雨水收集系统和预警信息发布系统，通过不同系统的协调运作来实现防洪预警功能，以便工作人员及时调整工作计划，减轻灾情带来的损失。

二、BIM与数字孪生

(一)BIM技术

BIM技术，是通过综合各类建筑工程项目信息来建立三维建筑模型。应用BIM技术除能够建立建筑模型外，更主要的是其应用会贯穿于建筑工程项目的整个生命周期，并进行信息集合。BIM技术拥有传统工作模式及协同管理模式不具备的优势，改变了传统粗放型施工的弊端，实现了向先进集约型施工方式的转变。BIM技术在施工控制和可视化模拟方面进行了创新，能够实现可视化效果设计、检验模型效果图、实现4D效果模型设计及监控等功能。BIM技术的出现掀起了建筑行业的一场信息技术变革，从此建筑行业变得更加精细化、高效化和统一化。因此，BIM技术被誉为继CAD技术之后最为重大的建筑技术革新。

BIM技术的核心在于，通过三维虚拟技术进行数据库的创建，实现数据的动态变化和建筑施工状态的同步。BIM技术可以准确无误地调用数据库中的系统参数，加快决策进程，最终实现建筑施工的全程控制，控制施工进度，节约资源，降低成本，提高项目质量和工作效率。

BIM技术在20世纪末期被提出，随着信息技术的发展，近年在欧美发达国家得到快速推广与应用。有调查表明，在欧美等发达国家的百强企业当中，超过八成的企业都有应用BIM。同时，欧美发达国家也出台了相应的BIM技术实施标准等规章制度。

而我国BIM技术起步相对较晚，尚处于发展初期，在我国建筑施工企业中其应用率不足10%。但值得庆幸的是，在“十一五”国家科技支撑计划重点项目《现代建筑设计与施工关键技术研究》中，明确提出要把BIM技术作为重点技术项目加以研究，同时要求构建具有中国特色的并适应国际标准的BIM规范标准。之后，在“十二五”发展规划中，也将 BIM 技术作为建筑信息化发展的重点内容,并将数字城市建设作为建筑科技发展的总体目标,而其中 BIM 技术的应用将直接关系到目标能否实现。

近年来的建筑施工实践可以表明,我国已经具备 BIM 技术应用的成功案例,例如上海中心大厦、奥运"水立方"场馆及世博场馆等大型复杂建设项目取得的成果均较为显著。BIM 技术因具有诸多的优势而被广泛应用在建筑工程建设中,但在水利工程中,BIM 技术的应用依然不成熟。在水利工程中引入 BIM 技术,能够提升设计、施工效率,优化设计、施工质量。因此,对 BIM 技术在水利工程中的应用进行探析具有重要的实践意义。

BIM 技术是提升水利工程建设质量的重要举措,有助于解决水利工程施工中存在的协调性不强、建设质量把控不严等问题,尤其是在设计阶段,BIM 技术的应用能够有效地避免因意图领会不到位而出现的设计问题。此外,BIM 技术的应用,还能节约建设成本,提升水利工程建设项目的经济效益。同样,BIM 技术的应用还可以实现人力资源管理的最优化,为水利工程建设的高效管理提供助力。

BIM 技术可以利用三维协同设计平台进行工程数量及造价等信息的输入/输出控制,将指标和投资与 BIM 模型相结合,提高应用拓展功能。

(1)利用 BIM 技术进行方案投资比选。例如,利用铁路投资编制软件完成某项目的估(概)算之后,可以将综合指标导入协同平台,建立分部分项工程与指标的对应关系,利用指标快速估算出工程比较方案供有关人员参考。

(2)利用 BIM 技术快速形成不同工点的投资对比。BIM 与投资指标关联,利用 BIM 技术可以截取任何设计范围或工点进行投资对比,大大提高了效率。

(3)利用 BIM 技术快速编制变更设计。在 BIM 平台中建立分部分项工程与预算指标的接口,依据变更设计范围,可以利用 BIM 技术快速计算出变更前后的工程数量,通过关联的对应指标,快速形成变更前后的投资。

(二)数字孪生

数字孪生(digital twin)也称为虚拟数字产品或数字双胞胎,它以数字化的方式建立物理实体的多维、多时空尺度、多学科、多物理量的动态虚拟模型,来仿真和刻画物理实体在真实环境中的属性、行为和规则等。

数字孪生的概念源于 2003 年 Grieves 教授在密歇根大学的产品生命周期管理(product life-cycle management,PLM)课程上提出的"与物理产品等价的虚拟数字化表达"思想。它早期主要被应用在军工及航空航天领域。例如,美国国家航空航天局(NASA)基于数字孪生开展了飞行器健康管控应用,洛克希德·马丁公司将数字孪生引入 F-35 战斗机的生产过程中,用于改进工艺流程,提高生产效率与质量。在引入这一概念时,现实物理产品的数字表示是相对较新和不成熟的,在当时并没有引起足够的重视。随着传感技术、软硬件技术水平的提高和计算机运算性能的提升,数字孪生的概念得到了进一步发展,尤其是在产品、装备的实时运行监测方面。

数字孪生是充分利用物理模型、传感器更新、运行历史等数据,集成多学科、多物理量、多尺度、多概率的仿真过程,在虚拟空间中完成映射,从而反映相对应的实体装备的全生命周期过程。数字孪生是一种超越现实的概念,可以被视为一个或多个重要的、彼此依赖的装备系统的数字映射系统。由于数字孪生具备虚实融合与实时交互、迭代运行与优化，以及全要素、全流程、全业务数据驱动等特点，目前已被应用到产品生命周期的各个阶段，包括产品设计、制造、服务与运维等。

近年来，随着物联网、大数据、模拟仿真等技术的快速发展，如何借助新一代信息技术，推进水利资源发展、提升水利系统配置、开发水利信息共享平台、加强网络和大数据与水利业务的有效融合是我国提出的水利信息化发展“十三五”规划总目标之一。实现该目标的瓶颈之一是如何实现水利世界和信息世界之间的交互融合，数字孪生作为实现物理世界与信息世界实时交互、融合的一种有效方法，受到了广泛的关注和重视，它被认为具有巨大的发展潜力。

在水利水电工程地质勘查领域，融合 BIM、GIS、GPS、倾斜摄影等技术手段，结合大数据、云平台、物联网、移动互联等新一代信息技术，构架数字孪生工程地质勘查应用体系，为工程建设各个阶段提供全方位的真实地质三维实景环境，工程地质及其他专业人员在统一的地质场景下实现地质数据的实时传输与共享、地质成果的快速转化、地质问题及时上报与处理、地质资源的智能查询等工作任务，提高地质生产数字化、信息化、智能化水平。

数字孪生技术可应用于水利工程的设计阶段。通过建立虚拟模型对设计方案进行可视化呈现，解决多专业协同工作的问题，针对施工过程中的关键位置和复杂部位，结合施工现场的环境和条件，提供可视化的模拟，使相关工作人员能够清楚地了解整个施工过程，并且能够结合施工过程中所出现的问题对设计方案不断地进行优化，以提高工作效率。

在对水利工程运行管理中，可利用数字孪生技术分析水利工程运行管理现状及存在的不足，深入探讨其运行机制、实施方案和相关技术，以完成水利工程的智能运行。

（三）AI 监测技术

AI 监测技术以先进的计算机应用技术为核心，是对人类智慧与思维模式的模拟和延伸，能够帮助人类解决各类复杂的现实问题，其显著特征就是具有智能性和针对性。相较于人类大脑思维来说，人工智能思考方式具有更好的科学性与准确性，能够帮助人们大幅提升工作质量和效率。

将 AI 监测技术应用在现代水利工程管理工作中，不仅能够有效提升水利工程管理水平，还可以降低管理人员的工作量，避免因人工操作失误而导致水利安全事故的发生。水利工程管理单位通过将 AI 监测技术与各项管理工作有机结合在一起，能够让运营管理工作变得更加科学、规范、合理，促进水利工程管理各个环节有条不紊地进行。

AI 监测技术在水利工程管理中的实践应用主要包括以下几个方面。

（1）水利工程动态模拟及预测。《水利工程管理发展战略》一书中强调，在水利工程管理工作中，动态模拟及预测是一项重要的工作内容，该项工作的顺利开展能够帮助工作人员有效提升水利工程管理工作的预设性与先导性，促使水利工程管理工作难度降低，并帮助水利工程管理单位最大限度地缩减管理工作的整体成本。

水利工程管理单位通过合理应用先进的 AI 监测技术，能够满足水利工程管理工作对动态模拟及预测的各项工作要求，管理人员能够实时掌握水利工程的各项运行数据，并构建出完善的水利工程管理动态模型，模拟水利工程的动态变化情况，保证管理人员清晰观察到水利工程管理整个工作流程,结合各环节中可能存在的问题及时采取控制措施,避免隐患问题带来的损失。除此之外,水利工程管理人员还可以科学运用人工神经网络技术实现对管理工程的科学预测。在人工神经网络技术应用的辅助下,能够对那些影响水利工程管理工作的各项因素与环境条件展开科学分类处理,并整理成实际相关数据,搭建出一个完整的神经网络,方便管理人员对数据提取使用,及时对数据进行深入分析并发现可能出现的故障,安排专业技术人员进行检修与维护。

(2)水利工程管理中遗传算法的应用。《水利工程管理发展战略》一书提出,在水利工程管理工作中,遗传算法的合理运用能够帮助管理人员实现对水利工程数值模型的优化。水利工程管理人员可以将遗传算法当作着手点,帮助自己在最短时间内发现问题并处理问题,推动管理工作各个环节顺利进行。在水利工程管理中应用遗传算法,首先要完成对遗传算法编码工作的科学设定,充分保障编码工作的全面性、完善性及便捷性,促使遗传算法稳定持续运行。除此之外,遗传算法在水利工程管理中的应用还需与地理条件相结合,合理使用地理信息中的空间数据,有效提升遗传算法的现实分类水平与空间数据处理技术水平。

水利工程管理人员通过利用遗传算法还可以完成对水利工程运行过程的实时监督,管理人员只需根据水利工程的实际发展情况优化选择对应的监督管理方式,就能充分保障水利管理工作的实效性。

监测设备嵌入了相关算法后,这个设备就拥有了人所具有的基本能力,如观察、思考、学习、创造等。AI 监测设备可应用于水务管理系统中,对河湖、水面图像进行有效评估和分类归档。卷积神经网络技术是受人脑神经系统对事物感知的启发而提出的。由于卷积神经网络中神经元之间局部连接,在提取样本特征值时可以做到权值共享,大大减少了神经网络的复杂度,计算量小,且不需要复杂的预处理,可以直接输入图像样本。在深度学习算法中,卷积神经网络技术可以有效利用这些优势,从而大大提高 AI 水利监测的效率。

第三节　云与大数据

一、云计算的概念

随着计算机技术的发展,云计算技术应运而生,它是虚拟化技术、数据存储和管理技术、效用计算、并行计算、分布式计算等融合发展的产物。云是互联网的一种形象说法,云计算是一种全新的计算与服务模式,指的是借助互联网技术,整合处理庞大的数据信息资源,并根据用户需求通过服务器将处理结果发送给用户的处理过程。

当前,云计算已经得到学术界和工业界的极大关注与大力推动,取得很多成果,如Apache的 Hadoop、Amazon 的弹性计算云 EC2 等。并且,云计算也在很多领域得到应用,如生物信息计算、语义分析应用、病毒处理和高性能计算等。

对于云计算,当前尚未有统一的定义和规约。美国国家标准技术研究所(NIST)信息技术实验室给出了一个综合的定义,即云计算是一种记次付费的模式,该模式能通过可用的、方便的、随需的网络来访问资源可动态配置的共享池,该共享池包括网络、服务器、存储、应用和服务等。并且,资源可配置的共享池可以通过最少的管理或与服务提供商的交互来实现资源的快速配置和释放。其中所包含的弹性、共享、随需访问、网络服务及计次收费是云计算的关键要素。

云平台使资源高度共享,大大提升了软、硬件使用效率,因此云计算能够高效、迅速地在很短时间内处理海量信息。云计算的主要结构有数据资源、大数据处理和终端处理。云计算能够整合网络、存储、计算和服务等资源,简化工作人员管理操作业务,按需合理、快速分配资源,实现自动化管理。

云计算技术的应用从根本上改变了我国水利信息化管理与服务模式,为我国水利行业进行资源整合与共享提供了新思路,为我国水利行业信息化建设提供了新动力。因此,云计算在我国水利信息化建设中的应用有助于推动数字水利向智慧水利转变,也是我国进行水利信息资源整合与共享的必然要求。在利用云计算技术的基础上进行水电工程的信息化建设,不仅可以提升水电工程的进度与质量,还可以实现对水电工程的远程管理。合理利用云计算技术不仅可以降低水电工程信息化建设的成本,还可以充分促进社会对于水电工程管理软件的开发,从真正意义上推动水电工程信息化的建设。

云计算在现阶段不仅可以在流域高精度层面进行广泛的应用,而且可以在多尺度实时模拟演算维度进行仿真模拟。对较大区域范围进行计算,或是对广泛区域的河流计算,以及二维水动力模型或三维水动力模型,已经循环渐进地向分布式模型进行转换。在对河流水循环模拟时,可以利用云计算技术中的网络分布式计算实施,将复杂的二维水动力学或三维水动力学及其伴生过程模型进行拆分,同时将拆分的多个子程序分别进行计算,而且是同步进行的。

在进行云计算模型开发设置时,要充分考虑模型的适用性,使其能够在大多数地区和部门之间使用。云计算模型还要具有前瞻性,能够随着客户需求变化而进行实时调整,适应大数据时代的要求,使其能够在未来较长一段时间内使用。

云计算在水利信息化中的应用能够将分散的信息资源整合共享,优化资源分配,减少能耗。水利信息云系统能够为水利工作提供便利的技术支撑,显著提高水利管理能力,推动我国数字水利向智慧水利的转变。

二、云体系架构

智慧水利建设是智慧社会建设的重要组成部分。基于新一代信息技术在水利行业的广泛应用,为探究智慧水利体系构建思路与相关技术,需要分析智慧水利发展现状与具体需求,确定智慧水利核心要素,运用基于设计的研究方法构建智慧水利体系架构,并对物联感知、大数据、数值分析、水力模型与BIM+VR等关键技术在支撑智慧水利建设过程中的支撑作用进行探讨。智慧水利体系的研究对提升传统水利水务常态化工作的便捷化、高效化、智能化有着重要的指导意义。

智慧水利体系可按照经典的云计算架构进行设计,包括基础设施服务层(IaaS)、平台服务层(PaaS)、软件服务层(SaaS)。利用虚拟化集群、计算优化调度、Web Service、类OpenMI封装、组件与工作流及多维多场后处理技术,实现了平台IaaS层面向模型串/并行计算资源虚拟化、PaaS层的模型组件耦合调度与SaaS层的前后处理模式灵活选取,实现了多模型在云服务平台上多用户、多类型的计算应用。IaaS 层提供硬件基础设施部署服务,为用户按需提供实体或虚拟的计算、存储和网络等资源,采用 XenServer 实现服务器虚拟化和基础设施管理,包括虚拟服务器、计算池、计算集群和存储等。PaaS 层部署了面向基础设施的资源管理器和服务运行环境,采用 XenDesktop 实现桌面虚拟化,采用 XenAro 实现多用户共享应用程序,提供了水利数值模拟的标准模型库、丰富的前后处理工具库,进行模型组件管理,所有的模型在调度后进行基于 OpenMI 标准接口的封装。面向单模型串行和并行计算时,将基于不同业务需求调度虚拟资源池进行优化计算。SaaS 层主要部署了基于标准模型库和前后处理工具库的各类水利仿真服务云簇,提供包括模型评测、模型计算、结果显示和方案比选等服务,用户可以根据自己的业务需要遴选合适的模型和前后处理工具包,高效定制业务流程;还提供了多终端的访问机制,将传统单机烦冗复杂的程序调试模式转变为浏览器和移动终端模式。

在该体系架构下,可及时收集各类江河湖泊、水利工程与水务工作所产生的实时数据,并通过水利大数据中心对各类数据进行梳理与清洗,再运用相应算法模型生成可供管理者进行决策辅助的可视化结果,在提高水利工作高效性的同时,也能促进相关水利监控、管理与实施的智能性。云体系架构的确定,不仅能够促进水利水务的信息化发展,也为未来水利行业数字化建设提供了良好的结构支撑。智慧水利体系并非一个结构固定的封闭体系,随着信息技术的不断发展,研究需要不断融入新技术与新思想,以便智慧水利工程的建设呈良性的可持续发展状态。

三、云服务

云服务是基于互联网的相关服务的增加、使用和交互模式,通常涉及通过互联网来提供动态、易扩展且经常是虚拟化的资源。云是网络、互联网的一种比喻说法。过去在图中往往用云来表示电信网,后来也用来表示互联网和底层基础设施。云服务指通过网络以按需、易扩展的方式获得所需服务。这种服务可以是 IT 和软件、互联网相关,也可是其他服务。它意味着计算能力也可作为一种商品通过互联网进行流通。

云服务能够整合和完善计算机设备通过网络向用户提供优质服务,云服务的服务模式主要分为基础设施服务(IaaS)、平台服务(PaaS)和软件服务(SaaS)。目前,主要有公有云、私有云和混合云三种云服务类型。通常来说,由若干企业或者用户共享的云环境称为公有云;企业或组织单独使用的云环境称为私有云;混合云是公有云和私有云的混合。因为公有云容易泄露信息,安全性较差,所以当前大多企业或者用户主要使用私有云或者混合云。

云服务将云计算的各种特征应用于应用服务的存储、建模、分析处理等要素中,通过网络向用户提供系统功能服务、地图服务、应用接口服务,以一种更加友好的方式,高效率、低成本地使用智慧水利涉及的信息资源。云服务是一个集中的信息存储环境和以服务为基础的系统信息应用平台。

云服务技术可以最大化资源的利用率,降低使用资源的成本。云服务可根据用户需求的变化动态调整各种资源的配置,使业务操作变得更加连贯顺畅。在云服务环境下,用户原有的硬件财力投入变成支付云服务商的运行成本,使得用户业务可操作性更加灵活。

云服务技术将各种复杂的环境搭建、技术支持及管理工作转移到云服务商身上,使用户可以更加专注于自身的业务制定。

目前,我国正处于深化水利改革的攻坚期,构建水利信息云系统尤为重要,在水利信息云系统建设中要规范化、标准化,增强其适用性、可靠性和通用性。国家、地方和专业技术人员等应多方合作,共同建设便捷、高效、安全的水利信息云系统,促进水利信息化的发展。

四、边缘计算

边缘计算,是指在靠近物或数据源头的一侧,采用网络、计算、存储、应用核心能力为一体的开放平台,就近提供最近端服务。应用程序在边缘侧发起,产生更快的网络服务响应,满足行业在实时业务、应用智能、安全与隐私保护等方面的基本需求。边缘计算处于物理实体和工业连接之间,或处于物理实体的顶端。而云端计算,仍然可以访问边缘计算的历史数据。

边缘计算并非一个新鲜词。作为一家内容分发网络,内容发布网络 CDN 和云服务的提供商AKAMAI,早在 2003 年就与 IBM 合作“边缘计算”。作为世界上最大的分布式计算服务商之一,当时它承担了全球 15%~30%的网络流量。在其一份内部研究项目中即提出“边缘计算”的目的和要解决的问题,并通过 AKAMAI 与 IBM 在其 WebSphere 上提供基于边缘(Edge)的服务。对物联网而言,边缘计算技术取得突破,意味着许多控制将通过本地设备实现而无须交由云端,处理过程将在本地边缘计算层完成。这无疑将大大提升处理效率,减轻云端的负荷。由于其更加靠近用户,还可为用户提供更快的响应,将需求在边缘端解决。

在国外,以思科系统公司为代表的网络公司以雾计算为主。严格讲,雾计算和边缘计算本身并没有本质的区别,都是在接近于现场应用端提供的计算。就其本质而言,都是相对于云计算而言的。无论是云、雾计算还是边缘计算,本身只是实现物联网、智能制造等所需要的计算技术的一种方法或者模式。

边缘计算模型将原有云计算中心的部分或全部计算任务迁移到数据源的附近执行。根据大数据的 3V 特点,即数据量(volume)、时效性(velocity)、多样性(variety),下面通过对比以云计算模型为代表的集中式大数据处理和以边缘计算模型为代表的边缘式大数据处理时代不同数据特征来阐述边缘计算模型的优势。

在集中式大数据处理时代,数据的类型主要以文本、音/视频、图片及结构化数据库等为主,数据量在 PB 级别,云计算模型下的数据处理对实时性要求不高。在万物互联背景下的边缘式大数据处理时代,数据类型变得更加丰富多样,其中万物互联设备的感知数据急剧增加,原有作为数据消费者的用户终端已变成了可产生数据的生产终端,并且边缘式大数据处理时代,对数据处理的实时性要求较高,此外,该时期的数据量已超过 ZB 级。针对这些问题,需将原有云中心的计算任务部分迁移到网络边缘设备上,以提高数据传输性能,保证处理的实时性,同时降低云计算中心的计算负载。

为此,边缘式大数据处理时代的数据特征催生了边缘计算模型。然而,边缘计算模型与云计算模型并不是非此即彼的关系,而是相辅相成的关系,边缘式大数据处理时代是边缘计算模型与云计算模型相互结合的时代,二者的有机结合将为万物互联时代的信息处理提供较为完善的软、硬件支撑平台。

智慧水利解决方案中可通过边缘计算、物联网关,连接供水设备及各类传感器数据至云平台,采用设备管理、计算资源管理及应用管理等功能,并通过接口与智慧供水管理系统对接,通过实时采集供水设备的运行数据,结合云端大数据分析平台,可实时监控供水设备状况和水质状况,全面了解供水设备各部件的"健康指标",实现对供水设备的预防性维护,大幅提升供水设备正常运行时间,管理部门判断故障时间缩短 70%,节约人力维护成本 60%,保障供水质量。

五、智慧水利中的大数据

对于"大数据"(big data),研究机构高德纳咨询公司(Gartner)给出了这样的定义:大数据是需要新处理模式才能具有更强的决策力、洞察发现力和流程优化能力,来适应海量、高增长率和多样化的信息资产。麦肯锡全球研究所给出的定义是:一种规模大到在获取、存储、管理、分析方面大大超出了传统数据库软件工具能力范围的数据集合,具有海量的数据规模、快速的数据流转、多样的数据类型和价值密度低四大特征。

大数据技术的战略意义不在于掌握庞大的数据信息,而在于对这些含有意义的数据进行专业化处理。换言之,如果把大数据比作一种产业,那么这种产业实现盈利的关键,在于提高对数据的"加工能力",通过"加工"实现数据的"增值"。从技术上看,大数据与云计算的关系就像一枚硬币的正反面一样密不可分,大数据必然无法用单台的计算机进行处理,必须采用分布式架构,它的特点就在于对海量数据进行分布式挖掘。但它必须依托云计算的分布式处理、分布式数据库和云存储、虚拟化技术。

水利信息采集手段日新月异,随着各种轻量化、智能化、专业化的观测设备投入使用,观测体系得到进一步完善,再加上新媒体和智能手机的广泛普及,水利信息已经达到大数据量级。另外,水利领域的研究也越来越结合信息领域的新成果,正逐步形成一套区别于传统水利的新型方法体系,水利大数据已经形成。模型模拟是水利科学研究中的重要方法论之一。智慧水利有了模型,才能具有预报未来和支持决策的能力。此外,模型还可以是水利大数据的重要数据来源。在模型模拟动态运行过程中,利用数据同化技术融合多种观测数据,可以生成具有时空连续性和物理一致性的数据集。全球对地观测系统(global earth observation system of system GEOSS)提倡共同建立和共享"观测技术—驱动模型—数据同化—监测预测"的研究框架。全球陆面数据同化系统(global land data assimilation system,GLDAS)、北美陆面数据同化系统(north-american land data assimilation system,NLDAS)和中国 GLDAS 等大型的数据同化系统被研发,极大地丰富了监测要素的可用数据源。

水利管理对象数量大、类型多、空间分布广、运行环境复杂、交织作用因素众多,对其进行全生命周期的精细化管控极其困难。将以关联分析为特点的水利大数据技术和以因果关系为特点的水利专业机制模型相结合,对海量多源的水利数据加以集成融合、高效处理和智能分析,并将有价值的结果以高度可视化方式主动推送给管理决策者,是解决水利对象精细化管控难题的根本途径。

在水利大数据应用中，数据是根本，分析是核心，利用大数据技术提高水治理效率是最终目的，应深度挖掘水利业务管理需求，整合水灾害、水资源、水环境、水生态、水工程等领域全息数据，全面布局水利大数据的基础理论和核心技术研究，加快推进大数据技术与水利的深度融合，支撑我国水治理彻底转型升级。

大数据技术融合5G技术将是我国科技发展的重要趋势，水利工程的后期发展也必将摆脱现有的工艺流程，而是运用大数据技术达到水利工程智能化、自动化、便捷化。虽然在现状条件下，大数据技术及5G技术尚未融合到我国多数水利工程设计、施工等流程内，但是随着我国水利工程的发展，以及信息时代的要求，大数据技术、5G技术运用到水利工程中是必然趋势。为了实现水利工程达到智慧水利的程度，就要进一步推动业务信息化系统的改进，业务信息化系统作为水利工程信息化的重要单元，有必要结合大数据技术、5G技术等其他先进的研究成果，从而实现水利工程在设计、施工及工程运营的生命周期内智能化。因此，水利信息化的构建要结合大数据技术、5G技术及底层的Oracle数据库和机器学习工具等，从而实现基于大数据技术的水利工程信息化系统的构建。

第四节　智慧应用

一、《中国制造2025》

《中国制造2025》是国务院于2015年5月公布的强化高端制造业的国家十年战略规划，是我国实施制造强国战略三个十年规划的第一个十年的行动纲领。规划以促进制造业创新发展为主题，以提质增效为中心，以加快新一代信息技术与制造业深度融合为主线，以推进智能制造为主攻方向，以满足经济社会发展和国防建设对重大技术装备的需求为目标，强化工业基础能力，提高综合集成水平，完善多层次多类型人才培养体系，促进产业转型升级，培育有中国特色的制造文化，实现我国制造业由大变强的历史跨越，力争用十年时间，使我国迈入制造强国行列。

《中国制造2025》明确了提高国家制造业创新能力、推进信息化与工业化深度融合、强化工业基础能力等战略任务和重点，以及智能制造、工业强基、绿色制造、高端装备创新等重大工程。智慧水利作为《中国制造2025》的典型应用之一，将借助物联网、云计算、大数据等新一代信息技术，以透彻感知和互联互通为基础，以信息共享和智能分析为手段，在水利全要素数字化映射、全息精准化模拟、超前仿真推演和评估优化的基础上，实现水利工程的实时监控和优化调度、水利治理管理活动的精细管理、水利决策的精准高效，以水利信息化驱动水利现代化。

（一）《中国制造2025》的总体架构

《中国制造2025》可以概括为“一、二、三、四、五、五、十”的总体结构。

“一”就是从制造业大国向制造业强国转变，最终实现成为制造业强国的目标。“二”就是通过两化融合发展来实现这一目标。党的十八大提出了用信息化和工业化两化深度融合来引领和带动整个制造业的发展，这也是我国制造业所要占据的一个制高点。“三”就是要通过“三步走”的一个战略，大体上每一步用十年左右的时间来实现我国从制造业大国向制造业强国转变的目标。“四”就是四项原则：第一项原则是市场主导、政府引导；第二项原则是既立足当前，又着眼长远；第三项原则是全面推进、重点突破；第四项原则是自主发展和合作共赢。“五五”有两个“五”，第一就是有五条方针，即创新驱动、质量为先、绿色发展、结构优化和人才为本，还有一个“五”就是实行五大工程，包括制造业创新中心建设工程、强化基础的工程、智能制造工程、绿色制造工程和高端装备创新工程。“十”就是十大领域，包括新一代信息技术产业、高档数控机床和机器人、航空航天装备、海洋工程装备及高技术船舶、先进轨道交通装备、节能与新能源汽车、电力装备、农机装备、新材料、生物医药及高性能医疗器械等十个重点领域。

（二）《中国制造 2025》的实现措施

借鉴德国“工业 4.0”战略，相关领域专家从坚持走中国特色新型工业化道路、工业技术与信息技术紧密结合、产业技术创新联盟建设、走绿色低碳发展道路、优化产业结构等方面，为《中国制造 2025》的实现提供对策及措施。

第一，坚持走中国特色新型工业化道路。我国要以促进制造业创新发展为主题，以提质增效为中心，以加快新一代信息技术与制造业融合为主线，以推进智能制造为主攻方向，以满足经济社会发展和国防建设对重大技术装备需求为目标，强化工业基础能力，提高综合集成水平，完善多层次人才体系，促进产业转型升级，实现制造业由大变强的历史跨越。

第二，工业技术与信息技术紧密结合。《中国制造 2025》立足于我国转变经济发展方式的实际需要，围绕创新驱动、智能转型、强化基础、绿色发展、人才为本等关键环节，以及先进制造、高端装备等重点领域，提出加快制造业转型升级、提质增效的重大战略任务和重大政策举措。全面提高“中国制造”水平，使“中国制造”从要素驱动转变为创新驱动；从低成本竞争优势转变为质量效益竞争优势；从资源消耗大、污染物排放多的粗放制造转变为绿色制造；从生产型制造转变为服务型制造。最终实现“中国制造”向“中国创造”的转变。

第三，产业技术创新联盟建设。鼓励制造企业牵头建立产业技术创新联盟，推动技术创新和市场拓展。大型企业应加大科技研发投入，牵头产、学、研共同建立产业技术创新联盟进行技术创新，并掌握关键核心技术，依靠科技创新探索制造业升级路径。大型企业还要带动中小企业跟进，充分发挥市场调配资源的作用。建设产业技术创新联盟，形成风险共担、利益共享的机制，充分调动各方资源和力量，共同推进《中国制造 2025》的技术研发和应用推广。

第四，走绿色低碳发展道路。德国制造业的发展经验表明，受客观历史条件、产业发展阶段和技术发展水平等的限制，制造业一般需要经历低效率、高投入、高污染和不协调的起步阶段。为了产业的持续发展，这种不健康的发展方式必须转变。随着我国工业化、城镇化进程的加快，制造业在发展过程中不可避免地伴随着环境恶化、资源短缺等一系列问题，必须加强宏观政策指导，借助技术进步促进产出的快速增长，走高效率、低投入、低污染、可持续的绿色低碳发展道路，从而使制造业持续良性发展。

第五，优化产业结构。加快推动自身战略性新兴产业和高技术产业发展。制造业转型可能催生一批新兴产业快速发展。我国应以此为契机，加快推动自身战略性新兴产业和高技术产业的发展。

二、智慧水利中的“四预”

智慧水利是通过数字空间赋能各类水利治理管理活动，主要是在智慧流域上实现“2+N”业务的预报、预警、预演、预案。“四预”环环相扣、层层递进、有机统一，其中预报是基础、预警是前哨、预演是手段、预案是目的。在“四预”能力的支撑下，一方面根据预演结果实现对物理流域水利工程的优化调度或实时监控，另一方面依据实时采集的物理流域的实际运行数据和相关空间数据，完善数字流域的仿真算法，从而对物理流域水利工程的后续运行和优化调度提供更加精准的决策支持，最终确保水利决策方案的科学性、有效性和指导性。

预报是预先报告或预先告知，就是指利用认识和总结的自然规律和社会规律，基于历史和当前的有关数据，对自然现象或社会现象变化做出短期、中期、长期的定性分析或定量计算。如水文预报是指根据前期和实时的水文、气象等信息，对未来一定时段内的水文情势做出的预报。

预警是指根据预报结果、阈值指标等信息识别风险或问题，及时向有关机构和人员发送警示信息，使预警发布全覆盖，为政府采取应急处置措施和社会公众防灾避险提供指引。如洪水预警是指当预报即将产生某种量级洪水时，通过水情预警及时提醒政府防汛部门制订应急预案和影响区域内的社会公众防灾避险。

预演是指针对预警风险，依据预报信息，考虑调度应用规则和边界条件，设定不同情景目标，进行推演模拟、风险评估和可视化仿真，生成可行调度方案集，为制订预案提供支撑。如洪水预演是指利用洪水预报和调度模型、可视化仿真等技术对不同洪水调度方案进行模拟计算和动态仿真，直观评估不同洪水调度方案的可行性。

预案是依据预演反馈结果，考虑经济社会发展需要，优先确定抗御不同等级灾害的行动方案或计划，确保科学性、有效性和指导性。如洪水防御预案就是依托现在的流域下垫面条件，对历史典型或设计洪水进行预演而制定的；实时洪水调度方案就是在洪水防御预案的指导下，对实时洪水进行预演，制订具体的洪水调度方案。

三、数字化场景

根据流域防洪和水资源管理与调配等业务对数字流域数据精度的要求，采用不同精度的数据构建数据底板。其中，全国范围采用高分卫星遥感影像、公开版水利一张图矢量数据、30 m DEM（digital elevation model，数字高程模型）进行数字流域中低精度面上的建模；大江大河中游及主要支流下游采用无人机遥感影像、河湖管理范围矢量、测图卫星DEM 进行数字流域重点区域精细建模；大江大河中下游和重点水利工程采用无人机倾斜摄影数据、水利工程设计图、水下地形、水利工程重要部位及机电设备 BIM（building information modeling，建筑信息模型）进行数字流域关键局部实体场景建模。

建设内容主要包括基础数据、监测数据、业务管理数据、跨行业共享数据、地理空间数据和多维多时空尺度数据模型。

基础数据主要包括河道、水流、湖泊、水库、堤防、蓄滞洪区等数据。监测数据主要包括水情、雨情、工情、水质、泥沙、灾情、地下水位、取用水、墒情、遥感、视频等数据。业务管理数据主要包括水资源、水生态、水环境、水灾害、水工程、水监督、水行政等数据。跨行业共享数据主要包括经济社会、气象、生态环保、自然资源等数据。地理空间数据主要包括数字线划(DLG)、数字高程(DEM)、数字栅格(DRG)、数字正射影像(DOM)、数字表面模型(DSM)、点云等数据。多维多时空尺度数据模型主要包括水利数据模型、水利空间网格模型、水利工程 BIM 和地理信息参考模型等。

四、智慧化模拟

根据流域防洪和水资源管理与调配等业务对数字孪生流域模型精度的要求,采用不同类型的模型进行数学模拟仿真。如采用集中或分布式水文模型计算流域产流,采用传统水文模型计算河道汇流,采用水资源模型进行流域区域水资源评价与配置及与前述模型匹配的水沙、水质等模型进行数字孪生流域模拟;大江大河上游及主要支流采用经验模型等进行水情预报,采用水文学或一维水力学模型等计算河道汇流,对水文大断面和控制性工程进行水面二维控制,以及对与前述模型匹配的水沙、水质等模型进行数字孪生流域模拟;大江大河中下游和重点水利工程采用二维或三维水力学模型进行河道洪水演进计算,以及与该模型匹配的水沙、水质等模型进行数字孪生流域模拟,再采用可视化仿真模型和数字模拟仿真引擎进行渲染呈现。

建设内容主要包括水利专业模型、可视化模型和数字模拟仿真引擎。其中,水利专业模型主要包括水文模型、水力学模型、泥沙动力学模型、水资源模型、水环境模型、水利工程安全评价模型等;可视化模型主要包括自然背景、流场动态、水利工程、水利机电设备等水利虚拟现实(VR)、水利增强现实(AR)、水利混合现实等。数字模拟仿真引擎主要包括模型管理、场景管理、物理驱动、可视化建模、碰撞检测等。

五、精准化决策

应采用统分结合的方式沉淀水利知识和治水经验。通用性强的知识图谱库、业务规则库等知识库及各类学习算法,由水利部统一建设,并由各流域管理机构、省级水行政主管部门根据需要定制扩展;水利智能引擎和预案库、历史场景模式库、专家经验库等知识库,以及语音识别、图像与视频识别、遥感识别、自然语言处理等智能算法,原则上由各单位根据需求进行建设,提倡共建共享和相互调用。

建设内容包括知识库、智能算法和水利智能引擎。

(1)知识库主要包括预案库、知识图谱库、业务规则库、历史场景模式库和专家经验库。其中,预案库是根据河流湖泊特点、水利工程设计参数、工程体系运行目标等条件预先制定的管理、指挥、救援措施组合。知识图谱库是利用图谱分析和展示水利数据与业务的整体知识架构,描述真实世界中的江河水系、水利工程和人类活动等实体、概念及其关系,实现水利业务知识融合。业务规则库是通过对水利相关法律法规、规章制度、技术标准、规范规程等进行标准化处理,形成的一系列可组合应用的结构化规则集,以平台化方式嵌入业务应用和模型中,规范和约束水利业务管理行为。历史场景模式库是对历史事件发生的关键过程及主要应对措施进行复盘,挖掘历史过程相似性形成的历史事件典型时空属性及专题的特征指标组合，反映在水利模型中容易被忽视但有意义的一些水利现象形成因素。专家经验库是指基于专家决策的历史复演过程，通过文字、公式、图形图像等形式结构化或半结构化的专家经验，形成的元认知知识，用于指导分析决策过程。

（2）智能算法主要包括语音识别、图像与视频识别、遥感识别、自然语言处理等智能模型和分类、回归、推荐、搜索等学习算法。其中，智能模型是指通过训练学习算法，建立一套能够利用计算机智能分析和理解音频、图像、视频及自然语言的模型库，代替人工进行大范围遥感影像解译、大规模视频监视、大批量语音通话及大量报告文本阅读理解，并具备提取感兴趣信息进行结构化分析的能力。学习算法是指通过人工智能、机器学习、模式学习、统计学等方法，从关联规则、对象分类、时间序列等不同角度对数据进行挖掘，做出归纳性推理，发现数据隐含价值、潜在有用信息和知识。

（3）水利智能引擎主要包括知识表示、机器推理和机器学习，可实现模型训练、机器推理、图谱构建、图谱服务等功能。知识表示实际上就是对人类知识的一种描述，即把人类知识表示成计算机能够处理的数据结构，分为陈述性知识表示和过程性知识表示。机器推理是指从已知事实出发，运用已掌握的知识，推导出其中蕴涵的事实性结论或归纳出某些新的结论的过程。机器学习是一种研究计算机获取新知识和新技能、识别现有知识、不断改善性能、实现自我完善的方法，分为监督学习、无监督学习和强化学习。

第三章 智慧水利大数据体系架构与平台构建

第一节 智慧水利大数据理论框架

一、水利大数据的内涵

实际上,水问题本质上是流域水循环失衡导致的。智慧水利数据采集与管理是以“自然-社会”二元水循环及其伴生过程为对象的,通过调控社会水循环,保障良性的健康水系统的塑造,这是水利大数据与其他行业相比明显的特点。首先,了解二元水循环的驱动力、结构和功能属性;其次,分析智慧水利的发展趋势;最后,解读水利大数据内涵特征。

(一)流域二元水循环理论

1.水循环的驱动力

自然水循环的驱动力是太阳辐射和重力等自然驱动力。而二元水循环除受自然驱动力作用外,还受机械力、电能和热能等人工驱动力的影响。更重要的是人口流动、城市化、经济活动及其变化梯度对二元水循环造成更大更广泛的直接影响。因此,研究二元水循环必然要与社会学和经济学交叉,水与社会系统的相互作用与协同演化是研究焦点。

2.水循环的结构

自然状态下,“降水—坡面—河道—地下”四大路径形成自然水循环结构,它是典型的由面到点和线的“汇集结构”。随着人类社会发展,一元自然水循环结构被打破,社会水循环的路径不断增多,“自然-社会”二元水循环结构逐步形成。初期,社会水循环有取水、用水、排水三大主要环节,现在发展成取水、给水、用水装置内部循环、排水、污水收集与处理、再生利用等复杂的路径。与自然水循环的四大路径相对应,社会水循环也形成了“取水—给水—用水—排水—污水处理—再生回用”六大路径,它是典型的由点到线和面的“耗散结构”。自然水循环的四大路径与社会水循环的六大路径交叉耦合、相互作用,形成了“自然-社会”二元水循环的复杂系统结构。

3.水循环的功能属性

自然水循环的功能比较单一,主要是生态功能,养育着陆地植被生态系统、河流湖泊湿地水生生态系统。

有了人类活动以后,发挥单一生态功能的流域自然水循环格局就被打破,形成了“自然-社会”二元水循环。这主要体现在三个方面:①人类的各种生活、生产活动排放大量温室气体,导致地表温度升高,大气与水循环的动力加强,循环速率加快,循环变得更加不稳定,从而改变了流域水循环降水与蒸发的动力条件;②为人类社会经济发展服务的社会水循环结构日趋明显,水不单纯在河道、湖泊中流动,而且在人类社会中的城市和灌区里通过城市管网和渠系流动,水不再是仅依靠重力往低处流,还可以通过人为提供的动力往高处流、往人需要的地方流,这样就在原有自然水循环的大格局内,形成水循环的侧枝结构——社会水循环,使得流域尺度的水循环从结构上看,也显现出"自然-社会"二元水循环结构;③随着人类社会经济活动发展,社会水循环日益强大,使得水循环的功能属性也发生了深刻变化,即在自然水循环中,水仅有生态属性,但流域二元水循环中,又增加了环境、经济、社会与资源属性,强调了用水的效率(经济属性)、用水的公平(社会属性)、水的有限性(资源属性)和水质与水生陆生生态系统的健康(环境属性),因此从水循环功能属性上看,流域水循环也演变成了"自然-社会"二元水循环。

4.水循环的演变效应

流域水循环的演变,特别是二元水循环的形成与发展带来了一系列的资源效应、环境效应和生态效应。首先,水循环驱动力条件的变化、下垫面的改变、城市化进程的加快及社会水循环通量的不断加大,对流域水循环的健康和再生维持带来了不利影响,造成流域水资源的衰减,产生强烈的资源效应,就是一个明显的例子。其次,社会水循环在其各个路径上都带来了相应的污染物,对自然水循环形成很大影响,带来水环境的污染,产生强烈的环境效应。最后,人类社会经济大量取水、用水和耗水,把原来在河流、土壤和地下流淌的水的很大部分直接排入大气,造成河湖生态系统和河口海岸生态系统缺乏必需的淡水,产生了强烈的生态效应。

(二)智慧水利的发展趋势

智慧水利服务于发展健康的自然水循环和社会水循环系统,其建设目标就是构建由水物理网、水信息网和水管理网耦合集成、协同互动的"三网合一"的复杂巨系统——智能水网。智能水网是具有高质引领、数字转型、智能升级、融合创新等丰富内涵的新型数字水利基础设施,能够促进水治理体系的现代化,保障"防洪保安全、优质水资源、健康水生态、宜居水环境、先进水文化"的幸福河的目标实现。智慧水利的发展方向包括以下三个方面。

1.构建以空间均衡和高效利用为核心的水物理网

通过江河湖库治理工程、枢纽调蓄工程和蓄滞洪区的合理布局,降低洪涝灾害的潜在风险,增强防洪减灾应急处置的工程能力,形成保障防洪安全的物理基础。通过优化水源工程结构,建设人工输配水工程体系,提升区域间水资源互调互济能力和区域内水资源开发利用水平,增强抗旱能力,形成保障社会经济供水安全的物理基础。强化水利工程在规划、设计和建设阶段的生态适应性特征,通过建设生态补水工程、重要生态景观修复工程,降低水资源开发利用对生态系统的破坏程度,恢复水生态系统服务功能,形成保障生态安全的物理基础。

2.构建以全面感知和智能调控为核心的水信息网

建设雨情、水情、工情智能化监测体系,以增强对潜在水安全风险的预测感知能力,从而在预警环节保障水安全。建设智能化二元水循环模拟和水网工程运行仿真系统,以提高水资源调度决策的系统性和针对性,从而在预报环节保障水安全。建设远程化、自动化、智能化的水利工程运行调控系统,以支撑精细化水资源管理和调度模式,从而在执行环节保障水安全。

3.构建以科学决策和领域协同为核心的水管理网

按照民生水利、人水和谐等新时期治水理念的指导,不断完善洪水风险管理、最严格水资源管理、水生态文明和河长制等制度体系,为水资源综合管理提供顶层制度指导。在水信息网建设支撑下,提升对“自然-社会”二元水循环过程的临近预报、短期预报、中期预报和长期预报,夯实水资源调度决策的科学基础;研发和应用复杂水资源系统的防洪、供水、灌溉、发电、航运等多目标分析和决策技术。建设水资源调度决策会商平台,提升复杂水系统的调度能力;大力推进水资源系统调度的控制与执行体系建设,保障调度指令准确和及时实施。

(三)水利大数据的概念

以“自然-社会”二元水循环及其伴生的水生态、水环境、经济社会等过程为对象的水利多维立体感知网络的日益完善,一直在持续提升水利行业数据采集的能力,形成了能够获取时空连续的多源异构、分布广泛、动态增长的水利大数据集合,在解决水安全问题时具备了水利行业的特征,具体如下。

1.水利大数据的体量巨大

各类传感器、卫星遥感、雷达、全球导航卫星系统(GNSS)、视频感知、手机终端等形成了“空—天—地—网”信息获取的水联网体系。全国水利行业目前拥有超过14万处的雨量、河湖水位、流量、水质及地下水水位等各类水利信息采集点,自动采集点所占比例超过了80%,当前省级以上水利部门存储数据资源近2.5 PB,构成了海量水利数据集,如果加上与水利相关的气象、生态环境、农村农业等行业外数据,水利大数据的规模更加庞大,而且数据量增加速度很快。

2.水利大数据的复杂多样

水利大数据的复杂多样表现为数据类别和数据格式两个方面。①从数据类别来看,既有来自物联网设备的水文气象、水位流量、水质水生态、水利工程等大量的监测信息,还有全国水利普查、水资源调查评价、水资源承载能力监测预警等成果,以及与水利相关的社会经济数据、生态环境数据、地质灾害数据、互联网数据等各类辅助数据。其中不完全相互独立的水利数据之间存在复杂的业务和逻辑关系,如气候气象数据变化引起水资源量和空间分布的变化,从而对水利工程、水生态环境、洪旱灾害、水资源分配等产生影响。②从数据格式来看,除对传统结构化数据类型的处理分析外,大数据技术能够应用于分析水利领域产生的文本(如规划报告)、图片(如卫星遥感图像)、位置(如业务人员的巡查路线)、视频(如河湖监管视频)、日志等半结构化和非结构化数据;来源于不同领域、行业、部门、系统的水利数据具有多样的格式,尚无统一的标准规范这些数据的整合和合并。

3.水利大数据的时空融合

水利管理决策不仅需要了解水利系统的历史演变规律,还要能够预测未来发展的趋势,同时还需要能够实时处理动态连续观测的数据,对当前状态进行预警监控。历史演变规律为预测预警和实施管理决策提供先验知识,在此基础上,结合实时监测的流式数据,快速挖掘有用的信息,能够提高预测的准确性和管理决策的科学性。

4.水利大数据的价值很高

水联网体系能够感知无所不在的巨量水利信息,但其价值密度可能相对较低,需要发展从这些数据中快速提取有用信息的模型算法，能够通过对海量涉水数据的挖掘，实现从价值密度低的数据中获取最有用的高价值信息。有的水利业务，如洪涝灾害预测预警和水利工程安全运行要求很高的时效性，需要利用大数据技术对这类数据进行高效处理和及时反馈。

5.水利大数据的交互性

水利大数据以其与国民经济社会广泛而紧密的联系，具有无与伦比的正外部性，价值不局限在水利行业内部，更能体现在国民经济运行、社会进步等方面，而发挥更大价值的前提和关键是水利行业数据同行业外数据的交互融合，以及在此基础上全方位地挖掘、分析和再现。这也能够有效地改善当前水利行业“重建不实用”的行业短板，真正体现“反馈经济”带来的价值增长。

6.水利大数据的效能性

提高效率、增长效益是水利大数据服务于治水事业的目标，没有效率和效益的水利大数据建设是没有生命力的。与电力大数据一样，水利大数据具有无磨损、无消耗、无污染、易传输的特性，并在使用过程中不断精练而增值，在水利各个环节的低能耗、可持续发展方面发挥独特巨大的作用，从而达到节约水资源、高效利用水资源、保障水安全的目的。

7.水利大数据的共情性

水利发展的目的在于服务公众。水利大数据天然联系千家万户、政府和企业，推动治水思路转变的本质是体现以人为本，通过人们对高品质水需求的充分挖掘和满足，为人民群众提供更加优质、安全、可靠的水服务，从而改善人类生存环境，提高人们的生活质量。

这些具有体量巨大、处理速度快、数据类型多样、价值密度低、复杂等大数据共性特点，同时具有交互性、效能性和共情性等行业特点的数据共同构成了水利行业的大数据集。蔡阳（2017）结合水利行业实际业务与数据现状，研究提出了“水利大数据”的内涵，该内涵突出了水利大数据的技术特点，没有突出应用手段和目标。在此基础上，结合水利本身的特点，本节丰富了水利大数据的内涵，即水利大数据是水利活动产生和所需的体量巨大、类别繁多、处理快速并具有潜在价值，以及具有广泛交互性，能够实现高效能、深共情的所有涉水数据的总称。

在实际应用中，水利大数据的“大”是一个相对概念，除“大”到传统数据工具无法处理分析水利数据的规模和复杂度外，水利数据还要能够全面描述水利对象的时空特征或者变化规律。水利大数据以水利数据资产管理为基础，以水利大数据平台为载体，通过新的多元水利数据集成、多类型水利数据存储、高性能水利计算和多维水利分析挖掘等技术，实现跨部门、行业、领域、系统的水利行业内外部数据的关联分析，满足水利行业的政府监管、江河调度、工程运行、应急处置、公众服务等方面的管理效率提升和业务创新需求。

由于水利大数据具有上述特征，其研究方法与传统水利数据分析方法也有所不同：①传统水利业务数据。以抽样方式获取的结构化数据为主，利用统计学方法分析水利规律，从而实现对水利对象或事件的特征和性质的描述；一般基于水利行业或部门内部的数据进行分析，以少量的水利数据描述水利事件，更多追求合理性的抽样、准确性的计算和科学性的分析。②水利大数据。以水问题为导向，在跨行业、部门、系统的基础上，以相关的涉水数据形成对水利对象或事件的全景式描述，以数据的关联和趋势全方位地描述水利对象或事件，更多追求数据的大样本、多结构和实时性。传统的水利数据分析强调的是分析计算的精确性和事件现象的因果关系，水利大数据强调的是水利数据的全面性、混杂性和关联性，同时允许数据存在一定的误差和模糊性。从广义上讲，传统的水利数据分析方法是水利大数据的重要组成部分，实际应用时要摒弃掉为"大数据"而"大数据"的片面思想，应以能够解决水问题为选择数据分析方法的首要原则。

二、水利大数据应用领域

水利大数据的灵魂在于应用，只有持续迭代升级，不断产生效益，才能保持旺盛的生命力。应紧密围绕新时期水利中心工作，通过大数据创新应用来协调解决水资源、水环境、水生态和水灾害问题，为提升水安全保障能力提供有效的大数据支撑服务，实现"保障防洪安全、优化配置水资源、维护河湖健康、防治水土流失、促进生态文明"的政务目标，针对水利管理的重点领域开展大数据应用。

（一）水灾害领域应用

利用"天地一体化"动态监测数据，结合社会与经济、基础地理、网络舆情等数据，开展集雨水情趋势预测、山洪灾害预警、旱情监测评估、险情监测预警和灾情评估等功能于一体的水旱灾害预测预警新服务。根据城市防洪排涝特点，考虑城市地表微地形及主要设施、地下管网、监控视频、网络舆情等数据，开展城市防洪排涝预测预警。目前的重点研究集中在全国分布式洪水预报、旱情综合监测评估预警、城市内涝监测预警等方面。

在全国分布式洪水预报方面。目前受计算能力等方面的限制，建设的中国洪水预报系统仅能对全国主要江河部分断面进行洪水预报，还不能够实现对全国大江大河干流、一级支流、重要二级支流的断面进行洪水快速滚动预报，也无法开展洪水实时演进。通过大数据应用构建计算和存储平台，结合分布式洪水预报技术，可以构建全国分布式洪水预报系统，实现对所有预报断面的连续滚动预报，全面提升全国洪水的预报预警服务能力。

在旱情综合监测评估预警方面。通过国家防汛抗旱指挥系统工程建设和长期工作积累，目前抗旱减灾应急管理水平有了较大提升，但与"两个坚持、三个转变"的抗旱减灾要求相比仍存在不足，尤其是现有硬件环境无法支撑基于气象、水文、墒情和遥感等海量多源实时信息的全国旱情综合监测评估预警。综合考虑土地利用、土壤类型、灌溉条件、作物类型、物候情况等下垫面因素，利用网格化分布式旱情综合评估模型，实现全国农作物、林木、牧草、重点湖泊湿地生态和因旱人畜饮水困难的旱情综合监测评估预警，实时监测和研判旱情形势，发布全国旱情监测"一张图"。

在城市内涝监测预警方面。城市内涝积水（如下沉式立交桥、低洼小区）监测预警历来是个难题，传统模式难以精准监测。利用大数据应用技术，针对城市下沉式立交桥区积水的监测预警，可以利用降水监测、手机位置移动、交通事故等大数据的综合分析研判，及时对城市下沉式立交桥区积水进行监测和预警，无须再安装传统的水位监测设备；针对低洼小区积水的监测预警，可以利用社交图片和文字信息及视频监控图像信息，及时发现因下雨等造成的积水，从而解决低洼小区无法被监测的被动局面。

(二)水资源领域应用

以“三条红线”管理为重点,利用水文水资源、社会与经济、基础地理、网络舆情等数据,研制水资源开发、利用、保护等预警预报大数据模型,开展智能、综合、高效的水资源大数据信息服务。基于跨业务、跨行业、跨层级的数据综合,实现水资源精细管理、红线复核、风险预警和效益评估等大数据应用。重点集中在地下水储量动态监测、灌区用水量动态监测、用水效率动态监测、水资源供需情势研判等方面。

在地下水储量动态监测方面。地下水储量变化不仅仅是水资源量变化问题,还是环境地质问题,由于地下水深埋地下,地下水储量历来是个难以弄清的问题,其动态变化更是难以弄清。通过全面整合各类影响地下水变化的信息资源,包括水文地质、水文气象、环境、供用水、河道径流变化、农业灌溉、地下水位监测等观测资料,以及土地利用、地表植被等遥感信息,开展多源、多维、大量、多态水利数据的精细和动态分析,实现对地下水储量的动态监测。

在灌区用水量动态监测方面。我国灌区面积超过 0.67 亿 hm^2,作为粮食主产区,也是用水大户,动态监测用水量,对做好节约用水意义重大。基于遥感影像及地面观测的数据构建灌区种植结构、耗水量、作物需水量、作物产量、土壤含水量、实际灌溉面积等灌区基本特征信息,在此基础上结合灌区基本监测信息、用电、人口、城市与农村水厂、企业等数据,采用大数据关联分析算法构建用水分析模型,对灌区的需水、取水、配水、耗水等进行分析,并进一步计算灌区渠系水、灌溉水的利用系数,平均用水量、产量,以及水分生产率等用水效率和效益指标,从而实现对灌区用水量的动态监测。

在用水效率动态监测方面。我国水资源时空分布不均,经济社会发展不平衡,尤其是两者之间供需矛盾,要求必须加快推进对取用水管理由粗放向节约集约的根本转变,关键是提高用水效率,为此必须对用水效率进行动态监测。以水利行业监控取水量数据为基础,综合企业用水户生产经营、农作物播种与长势、水文气象监测、灌溉机井用电、城镇用水量及效率,以及区域用水总量及效率,服务于水资源节约集约利用,加强用水管理。

在水资源供需情势研判方面。我国特定自然地理条件决定水资源时空分布不均,水资源分布与土地、社会、经济等分布不匹配,十六字治水思路中的“空间均衡、系统治理”,就是要求社会和经济发展要根据可开发利用水资源量,合理确定结构和规模,在节约集约基础上,加强水资源优化配置和科学调度,确保经济社会发展不超出水资源承载能力,关键是提高水资源供需情势研判能力。利用区域社会经济动态信息,综合多源、多尺度嵌套的气候及气象监测与预测预报信息,基于全国水资源供用关系知识图谱,进行水资源配置分析计算,动态研判全国水资源供需情势。

(三)水环境领域应用

通过“天地一体化”采集和集成多源社会监督数据,提升水环境监测能力。利用大数据技术,加强对水环境数据的关联分析,实现对流域重要水功能区、规模以上入河排污口、重要饮用水水源地等监测信息评估,增强水环境趋势分析和预警能力,支撑水环境精细化分析和监管。围绕贯彻落实国务院批复的《全国重要江河水功能区划》,为实施流域水环境综合治理、河岸带生态修复和重要湖泊水治理提供全面信息服务支撑,重点集中在河湖“四乱”综合监管、基于多源信息水质监测等方面的研究。

在河湖"四乱"综合监管方面。我国幅员辽阔,河流湖泊众多,流域面积大于或等于50 km^2的河流有45 203条,湖泊水面面积大于或等于1 km的湖泊有2 865个,河流长度累计达150.85万km,河湖"四乱"监管难度可想而知。构建河湖"四乱"样本库,利用航天航空遥感影像,采用人工、半自动、人工智能自动识别等方式,以及巡查、详查、复查和核查等"四查"工作模式,结合涉河建设项目等管理业务数据,进行证据固定,实现对河流湖泊管理范围内"四乱"问题的快速监测和有效治理。

在基于多源信息水质监测方面。我国河流湖泊众多,水面面积大且分布范围广泛,近年来,受生产生活等众多因素影响,蓝藻水华事件时有发生且呈逐年上升趋势,处理这一事件的关键是对其进行及时有效的监测和精准预测预报。利用历年水质(氮、磷含量)监测、水文气象、工农业生产等大数据,构建大数据蓝藻分析预测模型,实现对当年蓝藻水华事件的精准预测。

(四)水生态领域应用

围绕提升水生态风险防范能力,开展流域生态大数据应用。围绕贯彻落实国务院批复的《全国水土保持规划》,整合现有土壤侵蚀、监督管理和综合治理等各类业务数据,建立统一的信息采集、管理与服务体系,为生产建设项目"天地一体化"监管、综合治理工程"精细化"管理、土壤侵蚀快速监测评价等工作提供全面信息服务支撑,实施水土保持目标责任考核、提升水土保持监管能力。目前的工作集中在区域水土流失动态监测评价、生产建设项目综合监管方面。

在区域水土流失动态监测评价方面。区域水土流失动态监测评价的目的是掌握水土流失状况及其防治成效,建成并运用大数据进行分析,可充分利用数据资源,提高监测成果的科学性、完整性和时效性。基于大数据,完善数据采集、挖掘和利用的手段与方法,实现基础数据的资源共享利用与快速调取。研究适用于多层级、分布式云计算网络或平台的监测评价方法,完善并优化监测评价技术流程与工作模式,并适应大数据快速更新和高增长率的特点,提高监测评价的快速反应能力。加强监测评价的智能化分析能力建设,通过专家智库的系统后台支持,提高动态监测的科学性、完整性和时效性。提高监测评价成果的决策支撑与云应用服务能力,通过云共享模式,与各级政府大数据和决策支持系统对接,实现决策服务、信息共享和对外发布。

在生产建设项目综合监管方面。生产建设项目造成水土流失日益严重,已成为我国人为造成水土流失的重要原因。生产建设项目造成水土流失成因复杂、强度剧烈、危害严重,给经济社会可持续发展造成长远且十分严重的影响,其数量巨大、分布广泛,对其进行综合监管难度极大。生产建设项目综合监管需在全国水土保持监督管理系统、生产建设项目水土保持信息化监管的基础上,通过共享政府其他部门建设项目信息,利用航天遥感,结合互联网舆情、公众举报等信息,实现对全国生产建设项目的有效监管。

(五)水工程领域应用

水利工程是水资源有效保护、利用和开发的重要水利设施,具有防洪、排涝、供水、灌溉、水运和水力发电等功能。随着全球气候变化,极端洪水事件强度不断增大,对水利工程的安全性构成了巨大威胁,为此需要借鉴计算机等信息技术,提高水利工程安全风险计算的准确率,从而提升水利工程的安全性。重点集中在大中型水库安全风险应对、小型水库防洪安全远程诊断、农村饮水安全监测等方面。

在大中型水库安全风险应对方面。通过对地形、地质、气象、水雨情、蓄滞洪区空间分布及社会和经济等大数据进行分析，并构建面向水利工程分析主题的多维大数据库，实现对水利工程大数据进行重组和综合，从而实现大坝安全监测、汛情分析、暴雨洪水预报、旱情预测及灾情评估等。对研究区内历史洪涝灾害信息与工程调洪能力进行大数据匹配分析，辨识水利工程对研究区防洪能力的影响大小，对研究区内历史旱情信息与工程供水能力进行大数据匹配分析，辨识水利工程对研究区供水能力的影响大小，为水资源优化配置提供决策支持。基于水利工程运行管理的台账信息、日志等，对工程运行管理水平进行分析，辨识各类水利工程的运行效率、工程信息化和标准化管理水平，促进水利工程发挥运行效益。

在小型水库防洪安全远程诊断方面。我国小型水库数量大、分布广、标准低、质量差、管理难，是当前洪水防御安全保障短板中的短板，传统模式投资大、管理难、效益差，解决这一问题的关键是提高小型水库防洪安全的远程诊断。利用航天遥感监测流域前期土壤含水量、库区水体情况，利用雷达及时监测小型水库流域降雨及短临降水预报，综合地面观测技术，构建"天地一体化"的观测体系，远程开展小型水库洪水风险预测和安全诊断，使小型水库防洪关口前移。

在农村饮水安全监测方面。我国农村供水工程数量大、分布广，存在的主要问题是供水范围和受益对象不清，应急处置能力不足，解决问题的关键是及时获取受益人口变化、相关突发事件及应急处置等相关信息。根据农村供水工程位置，利用手机位置、社交等信息动态获取供水范围和受益人口，利用呼叫中心、网上舆情（污染事件、投诉举报等）及时获得相关突发事件信息，并根据卫生、交通等数据制订有效的处置方案，同时，利用微信、新闻评论、BBS论坛、博客、播客、微博、跟帖及转帖等大数据，对涉及农村饮水安全的有关内容进行监测。

三、水利大数据面临的挑战

（一）数据共享壁垒仍然存在

水利大数据需要整合和集成政府多部门和社会多来源的数据，只有不同类型的水利数据相互连接、融合和共享，才能释放水利大数据的价值。因此，数据共享是实现挖掘隐藏在水利大数据背后的潜在价值的关键，也是解决水问题的前提和基础。然而，实现数据共享还面临巨大挑战。首先，水利行业内部的数据共享不充分，信息孤岛依然存在，数据共享制度体系和管理机制尚未建立。其次，跨部门、跨行业、跨领域的数据共享更加不畅，有价值的公共信息资源开放程度低。我国水利大数据涉及多领域、多部门和多源数据，包括水利、气象、自然资源、生态环境、农村农业、电力、统计等其他部门的大数据及百度、腾讯等互联网企业的大数据，除个别企业公开数据外，政府部门的数据平台之间仍是"老死不相往来"。大部分水利数据仅公开"看"，而不是开放共享地下载和利用，很多仍处在"深闺"中，导致"有者不会用、无者够不到"的尴尬局面。再次，数据质量不高、标准缺乏、格式不统一，数据多、用得少，数据价值难以被有效挖掘利用。我国至今还有大量与水利相关的历史资料是以纸质形式保存在档案柜中，缺乏有效的数字化技术和手段使其电子化,破损与消失的风险很高。另外,数据开放严重不足,主要表现在数据开放总量偏低,可机读性差,大多为静态数据,且集中在经济发达、政府信息化基础和互联网产业发展好的城市。最后,水利数据的整合和脱敏是具有挑战性和耗费人力物力的工作,一旦开放数据,就意味着任何人都能自由下载和利用机器可读,因此对不同的数据的公开方式有不同的要求,有些数据可以直接完全公开、有些数据可以部门公开、有些数据需要脱敏后公开等。

(二)技术创新和落地未实现

在数据来源方面,水利大数据来源多种多样,既包括各种“空—天—地”的监测和调查数据,也包含各种影像、声音和视频等非结构化数据,这些庞大的数据杂乱无章、参差不齐,如何将这些多源异构数据转换成合适的格式和类型,并在存储和处理之前对采集的数据进行去粗取精,并保留原有数据的语义以便后面分析,是水利大数据面对的一个技术挑战。目前常用的是通过数据清洗和整理技术填补数据残缺,纠正数据错误,去除数据冗余,将所需的数据抽取出来进行有效集成,并将数据转换成要求的格式,从而达到数据类型统一、数据格式一致、数据信息精练和数据存储集中等要求。在数据存储方面,当前由于各种移动终端和网络的视频、文本、图片等非结构性数据流正在暴发性增长,未来存储技术的效率对于提高水利大数据的价值至关重要,包括存储的成本和性能。相比于传统的物理机器存储(包括单机文件和网络文件系统),适用于水利大数据的分布式存储系统可提高数据的冗余性、可扩展性、容错能力、低成本和并发读写能力。因此,将操作便捷性的关系型数据库和灵活性的非关系型数据库融合,是未来技术创新的发展目标。在数据分析方面,目前 Google 的 MapReduce 系统、Yahoo 的 S4 系统、Twitter 的 Storm 系统、Pregel 系统等提供了批量计算、实时计算、图数据处理,这些计算平台是针对不同的计算场景建立的,所以研发适合多种计算模型的通用架构是水利大数据建设和发展的急切需求。另外,数据分析已经从传统的通过先验知识人工建立数学模型到建立人工智能系统,通过人工智能和机器学习技术分析水利大数据是未来解决水问题的关键手段,但深度学习的应用还需要关注大量工程和理论问题。众所周知,工具、开源及框架设施是大数据技术发展的方向,因此当前大数据的技术创新形成了“互联网公司原创—开源扩散—扩散制造商产品化—其他企业使用”的产业链格局。不过,要想实现水利大数据的技术和应用一体化发展,企业和政府部门必须抛弃“拿来主义”态度,只有加强对技术开源社区的贡献,才能加强对技术的深入理解,也才能更好地发挥大数据在水利领域的应用。同时,还要在加强管理制度配套和工作人员能力提升等方面,实现技术落地。

(三)跨领域专业人才很紧缺

大数据时代的到来,对各国现有教育体系提出了全新的挑战。大数据时代需要大量的复合型人才,尤其是水利大数据涉及的学科众多,既需要计算机、通信等工程技术,也需要数学、统计、人工智能等模型技术,更需要生态、环境、气象、水文、土壤等专业知识。综合掌握数学、统计学、计算机等相关学科及水利应用领域知识的复合型科学人才缺乏,不能满足发展需要,尤其是缺乏既熟悉水利业务需求,又掌握大数据技术与管理的综合型人才。当前许多地区的教育体系不符合未来水利大数据发展的战略需要,尤其是现有的高等教育体系学科分类明确,独立性比较强,缺乏学科之间的交叉融合。

（四）应用活力后劲仍显不足

数据资源普遍质量不高，规范缺乏，管理能力弱，数据价值难以被有效挖掘利用。同时基于数据的决策支持能力还不强，水利业务与信息技术融合程度不深，业务协同不够，业务与数据联合良性互动机制还未完全形成，这导致我国水利大数据的创新应用还很有限，大数据的威力远远未能发挥出来，政府综合运用水利大数据的能力较低，没有形成成熟的水利大数据产业链和有影响力的数据企业。大数据在气象、生态环境、自然资源、农村农业、交通、社会经济等各部门的应用才刚刚起步，跨领域的应用寥寥无几。如何促进大数据在水利领域中的应用创新，使大数据真正成为提高治水现代化的有力手段，是目前世界各国正在探索的课题。另外，由于水利大数据既有水利行业产生的数据，又有从其他行业获取的数据，也有互联网上的数据，还有反映自然现象的遥感影像数据，这些数据来源广泛，业务主体复杂，需求千变万化。针对这些异质、异构、海量、分布式大数据挖掘分析技术缺乏问题，开展水利大数据技术研究迫在眉睫。

第二节　智慧水利大数据基础体系架构

在智慧水利总体框架下，经济社会和技术发展拓展了水利数据服务的领域，现代水利数据的应用早已不局限于防灾减灾、工程设计等传统应用范畴。遥感、CIS、传感网和射频技术等现代信息技术的发展与应用，全面拓展了水利信息的时空尺度和要素类型，水利数据的种类和数量急剧膨胀，逐渐呈现出多源、多维、大量和多态的大数据特征，更强调多元数据处理的多样性、复杂性和实时性。要实现大数据技术在水利行业的广泛应用，需要设计一整套覆盖基础设施、信息采集、数据集成、分布式存储、高性能计算、数据探索、可视化展现、一体化搜索、智能信息处理、安全治理、多维交互的大数据混合体系架构，以成熟先进的大数据产品及开源软件框架相结合的方式，搭配传统数据处理组件，形成数据、平台、存储、计算、分析、可视化的完整生态链。

一、水利大数据总体架构

为了构建水利大数据的体系架构，需要从数据全寿命生命周期出发，沿着“数据→信息→知识→应用”的路线分析大数据平台的主要功能构成。水利大数据的分析流程主要包含数据集成、数据存储、数据计算、业务应用四个阶段，在该流程中融合数据治理、分布式存储、高性能混合计算、数据探索、一体化搜索、可视化展现、智能信息处理、安全治理等信息技术实现数据分析、处理、安全防护的基础平台支撑，通过涉水多领域交叉融合研究，建立智能化的建模分析及数据使用模式，支撑水利业务应用和场景需求。

（一）水利数据源层

水利数据源层主要负责数据的供给和数据清洗等。就水利行业而言，主要包括水利业务数据、其他行业数据、遥感影像数据、媒体数据。水利业务数据是历年水利部通过国家防汛抗旱指挥系统工程、国家水资源监控能力建设、全国水土保持监测网络和信息系统等重大信息化项目，第一次全国水利普查、水资源调查评价等专项工作，以及各项日常工作，产生和积累的水利行业数据。其他行业数据主要包括国土、环保、气象、农业、海洋、城建、统计、工业、电信等部门收集整理的数据和产品。遥感影像数据包括通过与中国资源卫星应用中心专线连接实时接收或按需获取的国内多源卫星遥感影像及购买的国外高分辨率影像数据。媒体数据包括报纸、电视等传统媒体,以及网站、视频、微信、论坛、博客等新媒体涉及水利领域的民生需求、公众意见、舆论热点等信息。从数据类型维度分析,这些数据包括结构化数据、半结构化数据和非结构化数据;从数据时间维度分析,这些数据包括离线数据、近似实时数据和实时数据。这些数据共同构成了数据海洋,是水利大数据分析与应用的数据基础和来源。

(二)水利数据管理层

水利数据管理层负责对水利领域大数据的存储、组织和管理。由于水利对象时空变化的语义复杂性,过程的非线性和不确定性,变化信息的多维、多尺度和实时性,而目前采用的全国水利普查数据模型和山洪灾害调查评价结果数据模型属于准动态实时 GIS 时空数据模型,难以应对高动态监测数据流的存储、管理需求,无法支持多传感器接入、多粒度时空变化和时空多过程、多层次复合的语义表达,也难以支持相关动态建模和模拟的需要。为此,借鉴实时 GIS 时空数据模型的同时,有必要引入水利数据模型的概念和方法,发展一种包含时空过程、几何特征、尺度和语义的“多层次、多粒度、多版本的水利时空数据模型”。基于改进的水利实时动态的时空数据模型,对数据源层的数据进行模型统一,通过消息总线接入、关系数据库导入及文件导入三种数据接入的方式,实现数据存储与集成管理。消息总线接入重点解决流式数据和日志数据的接入,关系数据库导入主要用来完成结构化数据从关系数据库到大数据平台的数据迁移,文件导入则用于对传感器数据、社交媒体数据及文档、图像、视频等新型大数据文件的向上传输。

(三)水利数据计算层

水利数据计算层提供水利大数据运算所需要的计算框架、任务调度、模型计算等功能,负责对水利领域大数据的计算、分析和处理等。融合传统的批数据处理体系和面向大数据的新型计算方法,通过数据的查询分析计算、高性能计算、批处理计算、流式计算、内存计算、迭代计算和图计算,构建高性能、自适应的具有弹性的数据计算框架;选择可以业务化的水利专业模型,整合现有成熟的基于概率论的、基于扩展集合论的、基于仿生学的及其他定量数据挖掘算法和文本数据的数据挖掘算法,形成可定制、可组合、可调配的分析模型组件库,有效支持水利模型网的构建和并行化计算。

(四)水利数据应用层

水利数据应用层构建在大数据存储架构和计算架构之上,是为了满足水利领域需要而开发的面向我国水资源、水灾害、水生态、水环境、水工程等治水实践需求的大数据应用系统的集合。为了满足大数据平台多用户的特点,采用虚拟化方法引入多租户模式,提供各类数据访问的控制方式及图形化的编程框架,为我国水利的政府监管、江河调度、工程运行、应急处置和公共服务中的机器学习、规律分析、态势预测、异常检测等提供决策支撑,还能以安全可控的方式向第三方提供开放数据等功能,服务于水利大数据中心体系的建设。

二、水利大数据功能架构

水利大数据功能架构设计可用于规范和定义水利大数据平台在运行时的整体功能流程及技术选型,该平台可整合水利行业不同领域的数据,形成统一的数据资源池,构建具备开放性、可扩展性、个性化、安全可靠、成熟先进的水利大数据分析服务体系,并具备面向社会的公共服务能力。

围绕水利大数据分析应用生态圈,从底层基础设施、数据集成、数据处理、数据分析、数据可视化 5 个层面,以及运维和安全两个保障功能,应用先进技术、工具、算法、产品,构建水利大数据分析与应用平台功能架构。

(一)水利数据集成

水利大数据来源极其广泛,数据类型极为复杂,如果对这些数据进行处理,首先必须对所需数据源的数据进行抽取和集成,从中提取出关系和实体,经过关联和聚合之后采用统一定义的结构存储这些数据。在数据集成和提取时需要对数据进行清洗,保证数据的质量及可信性。在实际操作中,通过改进现有 ETL 采集技术,融合传感器、卫星遥感、无人机遥感、网络数据获取、媒体流获取、日志信息获取等新型采集技术,完成现有数据中心数据、业务数据、终端数据等海量多样化数据的解析、转换与转载。

(二)水利数据存储

可以利用已成为大数据磁盘存储的事实标准的分布式文件系统(hadoop distributed file system,HDFS)来存储智慧水利中的海量数据,然而这些系统虽然可以存储大数据,但很难满足智慧水利系统实时性的需求,必须对系统中大数据根据性能和分析要求进行分类存储:对实时性要求高的数据,采用实时数据库或内存数据库系统;对核心业务数据使用传统的并行数据仓库系统;对大量的历史数据和非结构化数据采用分布式文件系统;半结构化数据采用列式数据库或键值数据库;水利行业知识图谱采用图数据库。

(三)水利数据计算

通过改进已有查询分析计算、高性能计算技术,融合批处理计算、流式计算、内存计算、迭代计算、图计算等新型计算技术,可以采用一种或多种计算模式,提供实时计算、在线计算或离线计算,支撑水利大数据挖掘分析应用。查询分析计算适合于存储数据仓库的大数据处理,这类计算一般对计算实时性要求不高,但要求能够保证在数据量极大时提供多维数据查询分析能力。高性能计算采用高性能互联方式将众多处理器联合起来进行科学运算,这类运算大多配套专门的操作系统和软件环境,适合于第三范式的数值模拟如数值天气预报、分布式水文模型计算、有限元计算等典型任务。大数据批处理的代表性计算模式是 MapReduce,适用于卫星遥感数据等离线计算处理模式。迭代计算模式是在 MapReduce 的基础上通过优化数据存储位置、持久化 map 和 reduce 任务、引入可缓存的 map 和 reduce 机制等手段,有效解决迭代计算的应用需求。内存计算是通过虚拟化和高效数据管理方法,在体系结构层面提高数据的读写效率,由于内存计算模式能够大幅减少磁盘输入/输出(I/O),因而在计算速度上远高于普通的 MapReduce 批处理,适合于实时性要求较高的大数据支撑场景。流式计算是一种高实时性的计算模式,该模式需要对时间窗口内的新数据实时计算处理,从而避免数据堆积和丢失。图计算是采用以顶点、边和属性为主要元素进行组织存储的一种计算模式,这种计算模式适用于知识图谱的应用。

(四)水利数据分析

数据分析是智慧水利大数据处理的核心,大数据价值产生于数据分析。数据分析常用的方法包括数据挖掘方法、统计分析方法、机器学习方法、文本挖掘方法及其他新兴方法。除数据分析外,还有水利行业机制模型。它们共同构成了数据分析的基础。通过融合、集成开源分析挖掘工具和分布式算法库,实现水利大数据分析建模、挖掘和展现,支撑业务系统实时和离线的分析挖掘应用。

(五)水利数据可视

利用图形图像处理、计算机视觉及用户界面,对数据加以可视化解释,在保证信息传递准确、高效的前提下,以新颖、美观的方式,将复杂高维的数据投影到低维的空间画面上,并提供交互工具,有效利用人的美学系统,并允许实时改变数据处理和算法参数,对数据进行观察和定性及定量分析。通过大数据图形化、图像化及动画化等展现技术,完成报告、查询、分析、预警、搜索、数据开放、服务等接口/门户形式,为水利大数据应用提供服务。平台服务接口包括非结构化数据中心服务接口。

(六)水利数据安全

解决在水利大数据环境下的数据采集、存储、分析、应用等过程中产生的诸如身份验证、用户授权和输入检验等大量安全问题;由于在数据分析、挖掘过程中涉及各业务的核心数据,防止数据泄露、控制访问权限等安全措施在大数据应用中尤为关键。

(七)水利数据运维

通过水利数据平台服务集群进行集中式监视、管理,对水利大数据平台功能采用配置式扩展等技术,解决大规模服务集群软、硬件的管理难题,并能动态配置调整水利大数据平台的系统功能。

三、水利大数据技术架构

水利大数据核心平台基于 Hadoop、Spark、Stream 框架的高度融合、深度优化,实现高性能计算,具有高可用性。

数据整合方面,主要采用 Hadoop 体系中的 Flume、Sqoop、Kafka 等独立组件;数据存储方面,在低成本硬件(x86)、磁盘的基础上,采用分布式文件系统、分布式关系型数据库、NoSQL 数据库、实时数据库、内存数据库等业界典型系统;数据分析方面,集成 Tableau、Pluto、R 语言环境,实现数据的统计分析及数据挖掘能力;监控管理方面,利用 Ganglia,实现集群监控、服务监控、节点监控、性能监控、告警监控等管理服务;可视化展现方面,基于 CIS、Flash、Echart、HTML5 等构建可视化展示模块。

四、水利大数据部署架构

在基础设施部署架构及容量规划方面,水利大数据平台集群主要由数据存储服务器、接口服务器、集群管理服务器和应用服务器组成,支持存储与计算混合式架构及广域分布的集群部署与管理。七大流域中,每个流域的集群由 N 台 x86 服务器和 1 台小型机组成,其中核心数据集群由 $N-5$ 台服务器构成;剩余的 5 台服务器中,3 台服务器组成消息总线集群,部署包括消息队列集群及文件传输协议传输入库集群,1 台服务器作为用户认证和访问节点,1 台服务器作为 ODBC/JDBC 服务以及 Web HTTP/REST 服务节点。小型机作为关系型数据库以及时间序列数据库节点。

五、水利大数据分析架构

(一)实时分析应用

在水资源、水生态、水环境、水灾害、水工程等监测与状态评估业务中,涉及在线监测、试验检测、日常巡视、直升机或无人机巡视和卫星遥感等数据,实时获取涉水监测与状态的流数据,利用分布式存储系统的高吞吐性,实现海量监测与状态数据的同步存储;利用事先定义好的业务规则和数据处理逻辑,结合数据检索技术对监测与状态数据进行快速检索处理;利用流计算技术,实时处理流监测与状态数据,根据流计算结果,实现实时评估和趋势预测,对水安全状态正确评价,指导对事件状态的决策处理,准确识别水安全问题,实现异常状态报警,对极端条件下水安全进行预警,为水灾害防治提供决策支撑。

(二)离线分析应用

针对水空间规划、水工程运行过程中产生的海量异构、多态的数据,具有多时空、多来源、混杂和不确定性的特点,分析水空间规划数据的种类和格式的多样性,建立统一的大数据存储接口,实现水空间规划离线数据的一体化分布式快速存储。

在离线数据一体化存储的基础上,建立数据分析接口,提供对水空间规划数据统计处理任务的支撑,并进一步满足水空间规划计算分析、水安全风险评估及预警等高级应用系统的数据要求,为管理层制订优化的决策方案提供科学合理的依据。

第三节　智慧水利大数据的关键技术体系

一、水利数据采集技术

(一)数据采集对象

智慧水利服务对采集数据的需求是:不仅要掌握一个点、一条江河、一个流域、一个区域及全国的情况,还要掌握每个水利业务领域过去、现在及未来的情况。水利对象是水事活动中涉及的水行政主管部门事权范围内的实体或概念,如河流、水库大坝、水利行业单位等实体和水资源分区、水土保持区划等概念。水利采集对象是指需要监测其状态、现状或动态属性的水利对象,而采集要素是指被采集的能够描述水利对象当前状态的动态属性或指标,对象信息是涉及采集对象的现象、事件、行为等。

智慧水利采集的目标是及时、准确、全面地获取各类数据和信息,能够描述各种水利对象,直接或间接地应用于各种水利活动。从自然、工程、管理三个方面将涉及各水利业务领域的水利采集对象划分为江河湖泊水系、水利工程设施和水利管理三种类型,每类采集对象可再细分为若干种类和小类。其中江河湖泊水系类对象主要采集河流湖泊等自然水系的水文、气象、水环境、水生态、水域环境及流域水系相关地形地貌信息等;水利工程设施类对象采集内容主要包括工程安全、工程安防监控,以及工程相关的雨水情、环境等信息;水利管理类对象采集内容包括水利核心业务管理工作关注的事件、行为、现象,以及水利工程运行期间的机电设备运行工况、工程运行调度等信息。

(二)数据采集来源及技术

大数据主要通过卫星遥感、传感器、视频识别、物联网和移动平台等手段进行采集。随着科学技术水平的提高及信息化发展,水利大数据获取方式趋向多样化,采集数据主要分为六类:地面监测数据、遥感监测数据、地理信息数据、业务数据、社会统计数据及其他数据,如表 3-1。

表 3-1　水利大数据采集来源及主要内容

分类	采集来源	主要内容
地面监测数据	水文在线监测系统、水资源在线监测系统、水质在线监测系统等	气象、水文、水资源、水质等
遥感监测数据	卫星遥感数据、航空遥感数据等	降水、蒸散发、土壤含水量、地形指数、植被指数等
地理信息数据	遥感采集、地图数字化、现场踏勘和摄影测量	地形地貌、土地类型、土地覆被、水资源分区、行政分区、社会经济数据等
业务数据	水利业务活动中产生的数据	取水许可、水资源论证、用水计划、水资源分配等
社会统计数据	各统计部门	人口数据、经济数据、农业数据、工业数据、电力数据等
其他数据	互联网、物联网等	网站、论坛、各类 App、物流平台等

以上不同来源的数据,根据数据类型及存储形式,采集策略分为流式数据采集、数据库采集、文件采集和网络爬虫采集等四种。①流式数据采集:该方法对于智慧水利的传感器采集、监控日志等数据进行分布式采集、聚合和传输。通过简单配置数据来源、数据传输通道及数据目的地,即可实现数据收集;同时,可以实时监控并跟踪数据从采集、处理到入库的全过程;典型的流式数据采集工具包括 Flume、Chuwa、Scribe。②数据库采集:该方法是从关系型数据库抽取数据到 HDFS、Hive 或者 HBase 等分布式存储系统中。支持配置抽取源、抽取目标、目标路径、抽取规则、并行度、数据转换规则、数据分隔符等属性,适用于关系型数据库与大数据平台分布式存储之间的数据交换和整合;典型的数据库采集工具如 Sqoop。③文件采集:该方法用于采集 txt、csv、dat 等类型的文件,并且可以通过配置文件校验规则、预处理规则等转换规则,实现对文件的稽核,完成文件数据接入;典型的文件采集工具是 Kettle。④网络爬虫(又称为网页蜘蛛、网络机器人)采集,是一种按照一定的规则,自动地抓取互联网信息的程序或者脚本。传统网络爬虫从一个或若干个初始网页的 URL 开始,获得初始网页上的 URL,在抓取网页的过程中,不断从当前页面上抽取新的 URL 放入队列,直到满足系统的一定停止条件。聚焦爬虫的工作流程较为复杂,需要根据一定的网页分析算法过滤与主题无关的链接,保留有用的链接并将其放入等待抓取的 URL 队列。然后,它将根据一定的搜索策略从队列中选择下一步要抓取的网页 URL,并重复上述过程,直到达到系统的某一条件时停止。另外,所有被网络爬虫抓取的网页将会被系统存储,进行一定的分析、过滤,并建立索引,以便之后的查询和检索,对于

聚焦爬虫来说,这一过程所得到的分析结果还可能对以后的抓取过程给出反馈和指导。常见的开源爬虫工具有 Nutch、Labin、Neritrix。

(三)数据清洗

由于水利大数据来源复杂,且持续动态累加,因此难免会存在或产生一些错误、缺失、重复、冲突的数据,这些数据对后续的数据处理和分析无用或有害,称之为脏数据,需要采用一定的技术手段将这些脏数据进行删除或者修正。数据清洗就是发现并纠正数据文件中可识别的错误的一道程序,包括检查数据一致性、处理无效值和缺失值等。其目的是检测数据中存在的错误、缺失和不一致,并剔除或改正它们,从而提高数据的质量。数据清洗的原理,就是通过分析脏数据的产生原因和存在形式,利用现有的技术手段和方法去清洗脏数据,将脏数据转化为满足数据质量或应用要求的数据。数据清洗主要利用回溯的思想,从脏数据产生的源头上开始分析数据,对数据集流经的每一个过程进行考察,从中提取数据清洗的规则和策略。最后在数据集上应用这些规则和策略发现脏数据和清洗脏数据。

一般情况下,数据清洗的基本流程包括以下 5 个方面。

1.数据分析

这是数据清洗的前提和基础,通过详尽的数据分析来检测数据中的错误或不一致的情况,除手动检查数据或者数据样本外,还可以使用分析程序来获得关于数据属性的元数据,从而发现数据集中存在的质量问题。一般情况下,模式中反映的元数据对于判断一个数据源的数据质量远远不够。因此,分析具体实例获得有关数据属性和不寻常模式的元数据变得很重要。这些元数据可以帮助发现数据质量问题,也有助于发现属性间的依赖关系,根据这些依赖关系实现数据转换的自动化。

2.定义清洗转换规则与业务流

根据上一步数据分析得到的结果,定义清洗转换规则与业务流。根据数据源的个数、数据源中不一致数据和脏数据多少的程度,需要执行大量的数据转换和清洗步骤。要尽可能地为模式相关的数据清洗和转换指定一种查询和匹配语言,从而使转换代码的自动生成变成可能。

3.验证

应该对定义的清洗转换规则与业务流的正确性和效率进行验证和评估。可以在数据源的数据样本基础上进行清洗验证,当不满足清洗要求时要对清洗转换的规则、业务流系统参数进行调整和改进。真正的数据清洗过程中往往需要多次迭代进行分析、设计或验证,直到获得满意的清洗转换规则和业务流。它们的质量决定数据清洗的效率和质量。

4.清洗数据中存在的错误

在数据源上执行预先定义好的并且已经得到验证的清洗转换规则和业务流。当直接在元数据上进行清洗时,需要备份数据源,以防需要撤销上一次或几次的清洗操作。清洗时根据脏数据存在形式的不同,执行一系列的转换步骤来解决模式层和实例层的数据质量问题。

5.干净数据的回流

当数据被清洗后,干净的数据应该替换数据源中原来的脏数据。这样可以提高原系统的数据质量，还可避免将来再次抽取数据后进行重复的清洗工作。

二、水利数据存储技术

高效的存储架构平台是大数据价值实现的前提，也是大数据落地的基础。首先，存储架构平台要求既能处理大量的小文件，也能处理单体较大的文件。其次，存储架构平台要具备极高的处理性能。然后，存储架构平台要能处理多样化的数据，包括结构化数据和非结构化数据。只有通过这些基础，才能在一个高效的专门为大数据构建和优化的平台上进行数据分析和挖掘，并最终获得所需的价值。

在智慧水利大数据中，绝大多数数据为结构化数据，同时也存在文本、图像、音频等非结构化或半结构化数据。对非结构化数据可采用分布式文件系统进行存储，对结构松散无模式的半结构化数据可采用分布式数据库，对海量的结构化数据可采用传统关系型数据库系统或分布式并行数据库。

（一）分布式文件系统

当前的分布式文件系统提出了集群系统上的存储解决方案，将数据存储在物理上分散的多个存储节点上，对这些节点的资源进行统一管理和分配，并向用户提供文件系统访问接口。经过多年发展，分布式文件系统结构发展为以专有服务器系统占主流，通过专门的服务器分别提供元数据访问和数据存储的方式来提供服务。分布式文件系统通常采用多元数据服务器，通过增加服务器节点的数量，满足集群应用对文件系统的容量、性能和规模等日益增长的需求。目前出现了 HDFS、GPFS、Ceph、Farsite、Clover 等分布式文件系统，其中较为受欢迎的分布式文件系统为 HDFS。

HDFS 作为面向数据追加和读取优化的开源分布式文件系统，随着 Hadoop 生态圈一起出现并发展成熟，具备可移植、高容错和可大规模水平扩展的特性，已广泛应用于各行各业大数据的存储。作为存储海量数据的底层平台，HDFS 存储了海量的结构化和非结构化数据，支撑着复杂查询分析、交互式分析、详单查询、Key-Value 读写和迭代计算等丰富的应用场景。HDFS 存储系统在容错性、扩展性、可移植性和数据读写等方面具有自己的特点。①高容错性。HDFS 存储系统被设计用来在大规模的廉价服务器集群上可靠地存储大规模数据，充分考虑集群的容错性，设计了心跳检测、副本、纠删码、Secondary Name Node 等机制，这样能快速发现节点故障，并迅速恢复，在软件层面提供高容错和高可靠的数据存储服务。②高可扩展性。HDFS 拥有良好的可扩展性，集群可以扩展到数千甚至上万节点的超大规模，这保证了存储的动态扩展，突破了传统数据库系统和数据存储系统的限制，适合存储和管理超大规模的数据。③高可移植性。HDFS 用 Java 语言开发，屏蔽了底层硬件的细节，可以兼容不同的硬件设备，在不同平台上部署。④多数据模型。HDFS 中数据基本的组织结构是文件，不同类型的数据都可以抽象为文件来存储，包括文本、关系表、图等，因此可以灵活地支持结构化和非结构化等多种类型的数据存储。⑤侧重大文件顺序读写。HDFS 中，大量的小文件会增加 Secondary Name Node 元数据管理的负担，并且不能很好地利用磁盘顺序读写的 I/O 性能，导致读写吞吐低；过大的文件也会导致数据迁移和恢复的延迟很高，因此 HDFS 一开始经验性地选择了 63 MB 作为默认的数据块大小，后来调整为 128 MB，适合大文件的存储和高吞吐的数据访问。⑥侧重一次写入、多次读取的访问模式。HDFS 上的文件一旦被创建和写入完毕后，便不能更新已经写入的内容，只能截断或追加写文件，这种设计符合 HDFS 的设计初衷，即各类数据存储在 HDFS 之上，被不同的应用反复读取，且每个应用任务都会读取大部分甚至是全部的数据。

（二）分布式数据库

传统的数据库在数据存储规模、吞吐量，以及数据类型和支撑应用等方面存在瓶颈，大数据环境下对数据的存储、管理、查询和分析需要采用新的技术。分布式数据库由于具有很好的扩展性和协同性，适用于结构松散无模式的半结构化数据或非事务特性的海量结构化数据，还适用于海量的结构化数据，在大规模数据存储和管理中得到广泛的应用。目前主要有非关系型（not only SQL，NoSQL）数据库、大数据并行处理（massively parallel processing，MPP）数据库、分布式时间序列数据库。

1.NoSQL 数据库

原始的数据存储在文件系统中，但是用户习惯通过数据库系统来存取文件。因为这样会屏蔽掉底层的细节，且方便数据管理。但是由于数据规模效应带来的压力、数据类型的多样性、设计理念的冲突、数据库事务特性等原因，直接采用关系模型的分布式数据库并不能适应大数据时代的数据存储，因此产生了一批未采用关系模型的数据库，这些方案现在被统一称为 NoSQL。NoSQL 并没有一个准确定义，但一般认为 NoSQL 数据库应当具有以下特征：模式自由（schema-free）、支持简易备份（easy replication support）、简单的应用程序接口（simple API）、最终一致性（或者说支持 BASE 特性，不支持 ACID）、支持海量数据（huge amount of data）。目前典型的 NoSQL 类型主要包括键值数据库、列式数据库、文档数据库、图数据库。

2.MPP 数据库

MPP 是一种大规模并行处理的集群系统，由大量松耦合的处理单元 Segment 组成，多为廉价的 x86 设备，采用 Shared Nothing 架构，主机、操作系统、内存、存储都是自我控制的，不存在共享，各 Segment 之间通过 IP 网络互联组网。在进行事务处理时，将任务通过某种分布方式并行地分散到多个 Segment 上，在各 Segment 上计算完成后，将各部分的结果汇总到一起得到最终结果。MPP 采用列存储、粗粒度索引等技术，配合分布式架构高效的分布式计算模式，完成分析类应用的支撑，具有高性能和高扩展的特点。它多用于数据量大、响应速度要求高、并发用户多的交互式数据分析，支撑 PB 级别的结构化数据分析。目前，主流 MPP 数据库包括 GBase 8a、阿里巴巴 Analytic DB、Greenplum、Sybase IQ 和 Impala 等。这些数据库在电力、气象等领域应用，尚未见应用在治水领域。

3.分布式时间序列数据库

时间序列数据是按照时间标签先后顺序排列而成的数据。时间序列数据库主要用于处理大量、连续实时变化的数据，它的优势是通过有效压缩来存储高频变化的数据，同时还能实现对海量数据的快速访问。目前，主流分布式时间序列数据库包括 OpenTSDB、InfluxDB 等。

（三）分布式内存数据库

内存数据库又称主存数据库（in-memory/main memory database，IMDB/MMDB），是一

种主要依靠内存存储数据的数据库管理系统。它几乎把整个数据库放进了内存中，相较于传统数据库使用的磁盘读写机制，内存具备更极致的读写速度（如 DDR3-1333 内存的读写速度约为 1 GB/s，传统磁盘的读写速度约为 150 MB/s），性能会比传统的磁盘数据库有数量级的提升。因此，内存数据库通常用于对性能要求较高的场景中。常见的典型分布式内存数据库有 Redis、Memcached、VoltDB、Aerospike、Oracle TimesTen、SAP HANA、MemSQL、SQLite 等。开源产品中，Redis 和 Memcached 是最受欢迎的两款键值内存数据库；而 SQLite 是最受欢迎的关系型内存数据库。商用数据库中热度最高的是 SAP HANA。林红和华韵子针对预报服务产品一键式发布的迫切需求，通过对 Redis 内存数据库的应用研究，基于 Spring 框架搭建了上海中心气象台数据分发管理系统。詹利群等为了提高气象自动站资料的检索查询效率，通过搭建 Redis 数据库集群，把数据缓存在内存中并实现主从复制，提出一种适合气象自动站数据特性的数据存储结构模型，使得高频次访问的气象自动站数据能够直接从内存中读取，有效地减少数据查询响应的时间。陈平等针对分布式水文模型的率定过程海量计算难题，提出了基于 Hadoop 和 Redis 集群的泛化似然不确定估计（GLUE）率定算法——HR-GLUE，该方法通过 Redis 缓存模型输入，利用 MapReduce 算法实现 GLUE 率定方法并行计算。

（四）关系数据库管理系统

关系数据库是采用关系模型来组织数据的数据库，其以行和列的形式存储数据。关系模型是基于表格（关系）、行、列、属性等基本概念，把现实世界中的各类实体（entity）及其关系（relationship）映射到表格中，同时拥有严格的关系代数运算。在关系数据库中，数据存储在“关系”中，具有规则的数据结构，这类数据通常被称为结构化数据。关系数据库在经历多年的发展后，已经是一种非常成熟的数据存储和管理技术，在各个领域得到广泛应用，是当前数据库的主流形式。

关系数据库由于具有容易理解的模型、容易掌握的查询语言、高效的优化器、成熟的技术和产品，成为数据管理的首要选择，其技术和产品占据了绝对的统治地位（包括技术和市场）。关系数据库管理系统厂商还通过扩展关系模型，支持半结构化和非结构化数据的管理，包括 XML 数据、多媒体数据等，并通过用户自定义类型（user defined type，UDT）和用户自定义函数（user defined function，UDF）提供面向对象的处理能力，进而巩固了关系数据库技术的主导地位。关系数据库还通过裁剪适应特定的应用场合，比如流数据的处理（stream processing，一般基于内存数据库实现），用户可以在源源不断涌来的序列数据上运行 SQL 查询，获得时间窗口上的结果，实时数据的及时分析和监控。围绕关系数据库管理系统，形成了一个完整的生态系统（厂家、技术、产品服务等），提供了包括数据采集、清洗和集成、数据管理、数据查询和分析、数据可视化等技术和产品。传统的基于行存储的关系数据库系统，比如 MySQL、SQL Server、PostgreSQL、Oracle、DB2 和 Sybase 等，提供了高度的一致性、高度的精确度、系统的可恢复性等关键的特性，仍然是事务处理的核心引擎，无可替代；面向实时计算的内存数据库系统，通过把数据全部存储在内存里，并且针对内存存储进行了并发控制、查询处理和恢复技术的优化，获得了极高的性能。此外，面向分析型的应用，列存储数据库以其高效的压缩、更高的 I/O 效率等特点，在分析应用领域获得了比行存储数据库高得多的性能。

由于水利业务仍存在海量的结构化数据，关系数据库管理系统是当前智慧水利大数据相关业务应用系统中结构化数据的主要存储系统，如仅水利行业与水文数据相关的数据库就包括了实时雨水情数据库、基础水文数据库、水质数据库，几乎涵盖了水文部门的主要业务数据，这些数据都是结构化的数据。基于对业务数据保密性和敏感性的要求，采用传统关系数据库具有分布式存储所不具备的安全优势；基于对业务系统运行效率的要求，采用由关系数据库扩展形成的并行数据库来逐步取代关系数据库的某些功能，能够大幅提升业务系统的性能。关系数据库管理系统是智慧水利大数据架构中的重要存储组件，仍然广泛应用于高时效、高安全的业务应用领域。

三、水利数据计算技术

大数据的计算模式主要分为流式计算、批量计算、内存计算、图计算等。其中流式计算和批量计算是两种主要的大数据计算模式，分别适用于不同的大数据应用场景。对于先存储后计算，实时性要求不高，同时数据的准确性、全面性更为重要的应用场景，批量计算更加适合；对于无须先存储，可以直接进行数据计算，实时性要求很严格，但数据的精确度往往不太苛刻的应用场景，流式计算具有明显优势。流式计算中，数据往往是最近一个时间窗口内的增量数据，因此数据时延往往较短，实时性较强，但数据的信息量往往相对较少，只限于一个时间窗口内的信息，不具有全量信息。流式计算和批量计算具有明显的优劣互补特征，在多种应用场景下可以将两者结合起来使用，通过发挥流式计算的实时性优势和批量计算的计算精度优势，满足多种应用场景在不同阶段的数据计算要求。

智慧水利大数据处理的问题复杂多样，不同业务应用领域的数据处理时间、数据处理规模各不相同，其中数据处理时间一般是业务应用中最敏感的因素。根据处理时间的要求将业务分为在线、近线和离线。其中在线处理时间一般在秒级甚至是毫秒级，因此通常采用流式计算方式；近线处理时间一般在分钟级或者小时级，通常采用内存计算方式；离线的处理时间一般以天为单位，通常采用批量计算方式。

四、水利数据分析技术

大数据蕴含大信息，大信息提炼大知识，大知识将在更高的层面、更广的视角、更大的范围帮助用户提高洞察力，提升决策力，将为人类社会创造前所未有的重大价值。但与此同时，这些总量极大的价值往往隐藏在大数据中，表现出了价值密度极低、分布极其不规律、信息隐藏程度极深、发现有用价值极其困难的鲜明特征。这些特征必然为大数据的计算环节带来前所未有的挑战和机遇，并要求大数据计算系统具备高性能、实时性、分布式、易用性、可扩展性等特征。

大数据价值的有效实现离不开 A、B 和 C 这三大要素，即大分析(big analytic)、大带宽(big bandwidth)和大内容(big content)。①大分析。通过创新性的数据分析方法实现对大量数据的快速、高效、及时的分析与计算，得出跨数据的、隐含于数据中的规律、关系和内在逻辑，帮助用户厘清事件背后的原因，预测发展趋势，获取新价值。②大带宽。通过大带宽提供良好的基础设施，以便在更大范围内进行数据的收集，以更快的速度进行数据的传输，为大数据的分析、计算等环节提供时间和数据量方面的基本保障。③大内容。

只有在数据内容足够丰富、数据量足够大的前提下,隐含于大数据中的规律、特征才能被识别出来。由此可见,大分析是实现途径,大带宽是基本保障,大内容是前提条件。

数据分析是智慧水利大数据处理的核心,数据集成和清洗是数据分析的基础,大数据的价值产生于数据分析。由于智慧水利大数据的海量、复杂多样、变化快等特性,大数据环境下的传统小数据分析算法很多已不再适用,需要采用新的数据分析方法或对现有数据分析方法进行改进。智慧水利大数据分析常用方法包括统计分析方法、传统数据挖掘方法、机器学习算法和新兴方法。

目前水利领域受制于水利大数据的样本量不足及数据分析方法仍是传统的单机或小样本建模的应用,离真正的水利大数据分析仍有较大差距,水利大数据价值的真正实现还有很长的路要走。鉴于目前的研究差距,本书列出了传统的数据分析技术在水利领域的应用。这些研究虽然不是真正的大数据应用,但仍可以作为水利大数据分析的基础。在水利大数据具备"大内容"后,这些数据分析方法通过并行化的改造及在大数据平台上的架构,能够实现"大分析",最终服务于水利领域的决策和管理。

五、水利数据可视技术

人类从外界获得的信息约有 80%以上来自视觉系统,当大数据以直观的可视化的图形形式展示在分析者面前时,分析者往往能够一眼洞悉背后隐藏的信息并转化为知识及智慧。水利大数据可视化是水利管理分析与决策不可或缺的重要手段和工具。

大数据可视化技术涉及传统的科学可视化和信息可视化,从大数据分析将掘取信息和洞悉知识作为目标的角度出发,信息可视化技术将在大数据可视化中扮演更为重要的角色。Shneiderman 根据信息的特征把信息可视化技术分为一维信息(1-dimensional)、二维信息(2-dimensional)、三维信息(3-dimensional)、多维信息(multidimensional)、层次信息(tree)、网络信息(network)、时序信息(temporal)可视化。研究者围绕着上述信息类型提出众多的信息可视化新方法和新技术,并获得了广泛的应用。

随着大数据的兴起与发展,互联网、社交网络、地理信息系统、企业商业智能、社会公共服务等主流应用领域逐渐催生了几类特征鲜明的信息类型,主要包括文本、网络或图、时空及多维数据等。

第四节　智慧水利大数据的平台构建

建设智慧水利大数据平台是一个复杂迭代、灵活多变的过程,其间会面临各种难题,这些难题尤其存在于平台架构设计、多源异构数据采集与存储适配、多类型组件兼容适配及融合、平台统一权限管理、存储及采集组件标准化等方面。要解决这些难题,需要以业务需求为驱动,以技术探索为手段,逐层推进,分步实现。

智慧水利大数据平台建设首先要综合分析业务需求,梳理业务应用对数据采集、数据存储、数据处理计算、分析挖掘及可视化展现的共性需求;其次要明确建设目标、设定建设原则及制订建设方案;最后进行平台开发、测试及部署。水利大数据平台建设过程如图 3-1 所示。

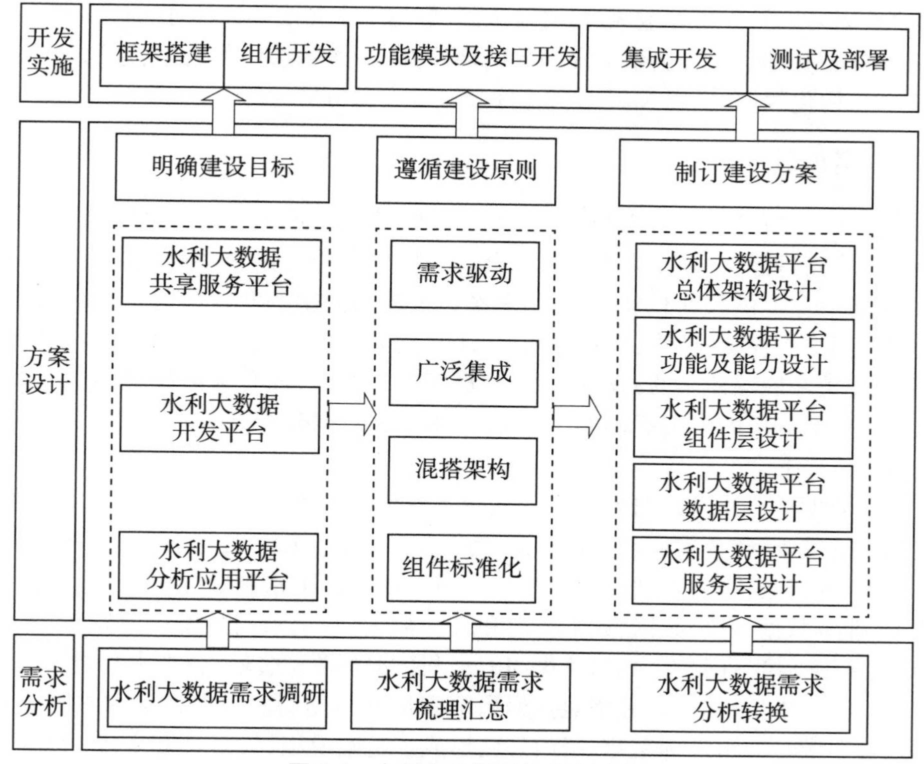

图 3-1 水利大数据平台建设过程

一、需求分析

以江河湖泊、水利工程、水利活动等为对象,开展面向水灾害、水资源、水生态、水环境、水工程等水利业务领域的需求调研,了解这些业务在数据来源、数据类型及容量、数据存储方式和速度、数据采集频率及传输方式、数据计算模式及复杂度,分析挖掘算法、可视化形式等方面的需求。梳理汇总调研成果,分析提炼出共性、可量化、可实施的水利大数据需求,为水利大数据平台建设方案的制订提供依据。数据需求分析可以采用信息资源规划方法,考虑到信息资源规划方法是基于业务需求驱动的,难免受到职能部门分割带来的视野局限性的影响,因此在数据需求分析时,也要兼顾水循环的系统性和整体性特点,数据要能够全景描绘水循环及其伴生过程的“空间—时间—属性—业务”的“画像”。

数据来源主要为水利部门的传感器采集数据、调查统计数据、业务数据及共享交换数据。以水资源为例,传感器采集数据包括降水量数据、径流量数据、供水量数据、用水量数据、土壤含水量数据等;调查统计数据包括三次全国水资源调查评价数据等;业务数据包括取水许可、水资源论证、水权交易等数据;共享交换数据包括卫星遥感图形、社会经济等数据。

数据类型包括结构化数据和非结构化数据。结构化数据包括传感器采集数据、业务管理活动中产生的数据。非结构化数据包括视频、卫星遥感数据、网页、文本、图片等数据。可以采用采集的数据类型、数据覆盖范围、数据采集频次等来计算数据存储所需的容量。根据不同的数据类型,选用不同的数据存储方式,对于结构化数据,选用关系型数据库,对于非结构化数据,选用 NoSQL 数据库及其他存储方式。

二、方案设计

水利大数据平台以构建"水利大数据共享、水利大数据开发、水利大数据分析"三位一体平台为建设目标:一是作为水利数据资源共享平台,能够对各类水利数据进行有效的融合,并为各专业提供数据共享;二是作为水利大数据应用的开发与运行平台,具备为水利大数据应用提供存储、计算、分析等能力,让水利大数据应用的开发者只需要专注于业务,而不需要关注底层使用的云计算与大数据相关的细节,简化大数据应用的开发;三是作为水利大数据分析的应用平台,可以直接为水利大数据分析提供各类数据分析的工具,完成数据分析任务。

水利大数据平台建设原则为:广泛集成、混搭架构、组件标准化、先进性、安全性、可管理性。①广泛集成:整合集成水文水资源、防汛抗旱、水利工程、水土保持、农村水利、水库移民与扶贫、水行政执法、水利安全监管与水利规划等各类水利数据资源,有效集成各类基础数据、业务数据、管理数据、成果资料和统计数据,健全水利数据资源体系,汇聚形成布局合理、规模适度、保障有力、绿色集约的水利数据资源,实现对各类水利数据的统一管理和应用。②混搭架构:平台采用混搭架构来满足不同类型的数据存储和不同业务的不同数据处理要求。③组件标准化:国内外已形成了基础设施、数据采集、数据存储、数据分析、数据服务等大数据应用组件,系统所采用的组件必须与国际标准相符合,同时确保组件具有良好的开放性,能够实现与多种技术和软硬件平台的有机集成。④先进性原则:系统采用主流、符合发展方向的、先进成熟的技术和设备,以及系统集成化、模块化的理念,以保障系统具有高效、全面和稳定等良好品质。总体架构为先进成熟的 SOA 体系架构,技术为目前主流的 J2EE 等,数据接口基于 XML 标准。⑤安全性原则:平台建设要充分考虑数据的安全性,应具有完整、全面的安全体系,能够提供信息保密性、数据完整性、身份识别和数字认证、防抵赖性等安全保障措施。充分考虑并科学设计不同应用场景、用户角色的操作权限,确保系统的安全运行。⑥可管理性原则:系统应具有良好的可管理性,允许管理人员通过管理工具实现系统的全面监控、管理和配置,为系统故障的判断、排错和分析提供支撑,并可进行简易、灵活的定制和调整,同时对系统运行情况能够实时统计分析、报表展示。

在遵循上述建设原则的基础上,制订详细的平台建设方案,涉及平台架构设计、平台功能及能力设计、平台组件层设计、平台数据层设计、平台服务层设计等五个方面。

(一)平台架构设计

水利大数据平台采用松耦合的混搭架构,以元数据驱动各模块进行数据采集、存储及计算,以满足海量多源异构数据的批量和实时采集、数据快速存储及查询、数据批量快速处理、实时在线处理等需求;采用分布式处理和流处理等技术,实现数据的高效和流程化处理。参考水利大数据的架构体系,水利大数据平台将传统数据仓库与新型数据处理融合在一起,以支撑不同类型的业务应用。数据驱动的工作流可以通过统一控制接口的方式将离线计算、流式计算、内存计算等不同的计算引擎有效组织起来，对外提供分析挖掘服务、数据共享服务及数据交互服务。

（二）平台功能及能力设计

根据水利大数据平台的目标定位，水利大数据平台要为各类水利应用提供海量数据采集、存储、计算、分析、展现、安全等基础性支撑功能。在水利大数据平台功能设计基础上打造水利大数据平台的核心能力，使水利大数据平台具备对离线与实时水利数据的采集能力，具备对各类水利数据（结构化、非结构化、半结构化）的存储、处理、计算（流式计算、离线计算、内存计算）、分析挖掘及可视化能力。

1.数据采集方面

提供强大的数据抽取、转换和加载能力。适配多种数据源（数据库/文件/日志/数据流），适配多种数据抽取方式（离线/实时/近线），可配置采集策略，支持集群方式运行，可以对采集过程进行监控和详细的日志记录。

2.数据存储方面

提供低成本、高扩展性的数据存储，支持结构化、非结构化、半结构化数据等存储需求。支持结构化数据和半结构化数据低时延即席查询，可以大吞吐量高效地批量加载与处理非结构化数据。

3.数据计算方面

提供海量异构数据实时、批量处理分析，构建在线监测、在线分析和在线计算等实时数据处理平台。利用大数据的批量计算、内存计算等技术，综合各类业务逻辑和算法，实现海量数据的离线分析与处理能力。

4.数据分析方面

可提供跨业务的分析模型和数据挖掘算法，设计大数据关联分析模型库和算法库，可实现数据分析模型和算法的灵活配置与扩展。对于常用的数据分析方法可实现并行化，提升数据分析性能。

5.数据展现方面

支持灵活可定制的可视化展现，可实现数据可视化及分析可视化。支持移动终端（含手机、平板电脑）、桌面终端、监控大屏等多种终端展示。

6.数据安全方面

可实现不同业务流、不同人员数据的逻辑隔离，确保数据的授权访问。具备对数据进行隐私保护的手段。

7.应用服务接口方面

可实现对大数据应用提供数据共享服务、数据计算服务、数据分析挖掘服务、数据可视化服务等，提供统一的应用服务接口（application programming interface，API）。

8.平台管理方面

可以对平台的数据、存储、服务器、软件组件、任务进行全面的监控与管理。通过可配置工作流方式实现工作任务的灵活可定制。

在水利大数据平台功能及能力设计中，一是要结合水利业务的需求和各功能的应用特性，设计各功能模块的合理化结构，二是要从功能构成的整体性、相关性和层次性的角度,优化各功能组成及相互关系之间的协调,从更大范围内、从更高层次上发挥水利大数据平台的最大价值。

(三)平台组件层设计

大数据生态圈经过十余年的指数式发展,形成了大数据基础架构阵营、大数据分析阵营、大数据应用阵营、架构与分析跨界阵营、大数据开源阵营、数据源与API阵营和孵化器与培训阵营等七大阵营。通过这些不同阵营的合作,可以为企业和组织提供端到端的完整大数据解决方案。

大数据技术本质上是解决数据采集、存储、计算、查询、挖掘五个核心问题,因此组件类别分为采集类、存储类、计算类、查询类、挖掘类及协调以上各类技术组件协同工作的协调类组件。采集类技术组件主要包括Flume、Logstash等,用来解决海量的数据快速批量采集的问题。存储类技术组件主要包括Hive、HDFS、Kafka等,用来解决海量的数据可靠存储的问题。计算类技术组件主要包括MapReduce、Spark、Spark Streaming、Storm、Flink等,用来解决海量的数据快速准确计算的问题。查询类技术组件分为NoSQL和OLAP,其中NoSQL主要解决随机查询,包括Redis、Hbase、Cassandra等;OLAP主要解决关联查询,包括Kylin、implad等;同时基于索引技术实现快速查询的技术也很成熟,如Lucence和Elasticsearch等。挖掘类组件主要指机器学习和深度学习等技术组件,包括Spark ML、TensorFlow、Caffe、Mahout等,用来解决从海量数据中挖掘出隐藏知识的问题。协调类组件主要包括Yarn和ZooKeeper等。

在建设水利大数据平台前,根据水利领域不同业务的实际需求,需要对各种类型技术的分析和实际测试,综合考虑组件的技术先进性、稳定性、兼容性、可扩展性,以及对平台的整体架构性能提升,完成满足水利领域需求的大数据组件选型。

每一类型的技术组件都含有相应的特性和局限性,应根据特定应用领域选择相应的组件版本类型,主要包括开源版本和商用版或发行版。考虑到水利大数据应用很少会介入核心组件的改造或优化工作,并且开源组件还涉及与开源社区后续版本的兼容性问题,因此不建议选择开源版本搭建水利大数据平台。水利大数据平台对组件容错性、鲁棒性要求极高,建议优先选择商用版或发行版,同时也要注意,无论是CDH/HDP还是国内的发行商,都是基于开源社区的组件进行集成,所选取的范围有区别,要根据单位的自身需要进行衡量,但从功能上看总体差别不大。更重要的是进行技术服务能力的评估,目前大数据厂商的支持能力相对传统厂商的成熟度还是要差些,单位自身或集成商要具备较强的能力。此外,如果进行了定制化的改造,要考虑产品厂商是否有能力将其推入社区或持续跟进。

在选用技术组件时,考虑大数据技术组件的更新特别频繁,要屏蔽各组件因版本变更对业务应用的影响,就要实现组件标准化,确保针对不同的水利业务场景,“插件式”组件可以嵌入平台。此外,还要评估组件的性能、兼容性和可靠性,可以适当地根据应用场景,做一些原型测试或产品选型测试。具体到不同的技术组件,可以参考一些官方的测评结果,但由于测评组织者的倾向性和产品调优程度不同,还要充分判断测试结果是否有参考价值。考虑到场景的数据使用模式比较有限,也可以在互联网或者领先企业的应用中找到实践样例。

选定组件之后,要制定水利大数据平台内集成采集、存储、计算、分析、可视化类组件的调度指令和数据通信规范,使各类组件能够深度融合及实现组件资源的统一调度,构建集数据采集、存储、计算及分析挖掘等于一体的标准化功能组件,能够高效支撑在水利领域的应用。

(四)平台数据层设计

为了能够适配智慧水利领域多源异构数据的采集和存储,水利大数据平台根据采集的数据类型、采集频次、传输和存储方式,集成不同类型的采集和存储组件,通过标准化接口协议进行融合。

水利大数据平台接入的数据可以分为实时数据、离线数据及非结构化数据(文件),针对不同数据类型应选择相应的 ETL 组件,包括 Flume、Sqoop 及 Kettle。Flume 采集实时数据到消息队列 Kafka 中,通过配置相应的持久化策略将数据同步到数据仓库中;业务系统的离线数据通过 Sqoop 抽取到数据仓库的同步库中,根据统一数据模型、数据规则映射模型持久到统一库中,再根据不同的主题建立不同的数据域,对外提供数据访问服务。

在线应用区包括 NoSQL 数据库、关系数据库、MPP 数据库、内存数据库和图数据库。这些数据库根据水资源、水灾害、水生态、水环境、水工程等业务领域应用的需求存储相应的数据,通过接口适配器提供查询服务。

(五)平台服务层设计

针对数据采集、数据存储、数据计算、数据分析挖掘、数据可视化展示、工作流等服务,水利大数据平台提供丰富协议、标准化的对外的分析模型调用接口、数据存储访问接口、任务调用接口等服务接口封装,接口方式以 Http RESTful、Java SDK、Web Service 为主,以满足开发人员、分析人员等不同用户使用需求。平台服务层的设计可以选用传统的 SOA 架构和微服务架构。

1.SOA 架构

平台服务层设计采用面向服务架构 SOA(service-oriented architecture),SOA 是一种架构模型,它是一个组件模型,通过构建模型可以以分布式的粗粒度进行有效的组合以方便调用。它的基础是服务,具有粗粒度、松耦合的特性,通过对不同的对象设计统一的简单、标准化的通信接口,实现不同服务的方便调用。

SOA 的核心技术是 Web Service,其可以轻松实现不同平台之间的连接,它是一种标准的编程模型,可以给松耦合、异构平台提供交换信息的标准。此外,Web Service 通信采用通用的 HTTP 协议和 XML 格式,其请求和调用在防火墙允许的范围内,这样就避免了通过特殊端口进行通信而被防火墙阻拦的情况。Web Service 是一个开放的技术协议,能够实现异构平台之间的交互。

SOA 的主要思想是服务,即所有的动作都是服务,分析需求,将一个个服务发布的细节封装,然后提供 API,供请求者调用。通过分析 SOA 的特性,可以充分利用其来构建水利大数据平台。将水利行业的数据以统一的标准和接口进行封装,发布服务,通过不同的需求对服务进行调用来进行整合,进而实现多源异构数据的融合。

SOA 主要有 3 个参与者,即服务发布者、服务请求者和服务代理者,它们之间相互沟通、相互作用。其基本思想是服务发布者在服务代理者处发布服务,服务代理者将不同的服务发布者发布的服务编成目录索引,服务请求者根据自己的需求去检索服务代理者的目录,查找出如何调用自身所需要的服务方法,根据该方法去调用服务发布者提供的服务。

2.微服务架构

互联网的发展催生了超大规模的在线系统。面对上亿级的访问量、复杂的业务场景,这些系统不断进行架构演变。传统的单体结构模式已不能适应业务的发展,微服务架构应运而生。微服务是由单一应用程序构成的小服务,拥有自己的行程与轻量化处理,服务依业务功能设计,以全自动的方式部署,与其他服务使用 API 通信。

微服务体现了业务逻辑为主的设计理念,将每一个具体业务功能都视为独立服务,对外以 API 方式提供服务。本质上微服务是对 SOA 设计理念的一种发展,在继承功能模块组件化思想的同时,淡化了 ESB 的概念,将各个功能模块视为相互独立服务。这种去中心化的设计思想,使得服务之间切分和组合更为灵活,更容易应对业务的变化和发展。这种设计思想的优点包括以下五个方面:

(1)逻辑清晰。微服务架构将独立逻辑单元抽象成一个服务,降低逻辑单元之间的耦合程度,体现了复合软件工程的设计思想,不仅业务单元可抽象成服务,其他的基础功能,例如任务调度、系统配置也可抽象成独立的服务,使得系统得到彻底解耦。

(2)开发迭代速度快。每个项目可以独立发布部署,极大提高项目的迭代速度。

(3)维护方便。在微服务架构中,每一个独立的服务被视为一个独立的系统,由专门的团队来维护,一个服务进行变更并不需要其他服务同步更新。

(4)伸缩性好。微服务可以单独扩展,如果一个服务出现负载过高等性能瓶颈,只需要针对这个服务扩展资源,利用服务注册和发现技术可以实现平滑的水平扩展,无须重启服务。

(5)容错性好。微服务架构里各个服务是独立部署的,服务与服务之间是相互独立的,一个服务出现异常,并不会造成整个系统的崩溃。

微服务实施过程中,牵涉通信技术协议、服务注册与发现机制、负载均衡机制、容错管理机制、监控技术选型策略、参数优化等诸多关键技术点。

(1)通信技术协议。RESTful 和 RPC 是微服务中两种常用的通信方式。REST(representational state transer)严格来说是一种网站设计模式,它规定了客户端通过 HTTP 协议与服务端进行通信。RPC(remote procedure call)是一个计算机通信协议。该协议允许运行于一台计算机的程序调用另一台计算机的子程序,而程序员无须为这个交互作用编程。RPC 和 RESTful 在实践中各有优势。RESTful 是基于 HTTP 的,易于调试和实现,开发成本也较低,也较为容易穿越防火墙。RPC 可以像本地调用一样调用远程服务,RPC 在实践中多采用二进制协议。

(2)服务注册与发现机制。在实施微服务系统中,客户端和服务端通过服务注册和服务发现互相寻找到对方,服务方服务器通过“服务注册”注册于服务管理系统,客户端通过“服务发现”发现注册于管理系统的服务方,当遇到服务端新增或者下线服务器的时候,能够通知客户端进行变更。

(3)负载均衡机制。在微服务架构中,为了防止个别服务器因过载而产生崩溃的情况,需要让流量分配更加均匀,这种技术叫负载均衡。实现负载均衡的技术有很多,有软件实现的,也有硬件实现的,根据应用场景不同,可选取不同的负载均衡技术。

(4)容错管理机制。当系统实现了微服务而获得解耦后,单体系统被拆解为多个服务之间的相互调用,因网络或其他原因引起服务不可用的情况不可避免,所以如果系统不能对这些情况进行容错,将会出现雪崩效应,熔断和限流是两种常用的容错手段。前者是指,在服务方出现严重延迟、宕机的时候,调用方应该能将出现问题的服务器从服务列表中摘除,避免整个系统受到影响;当服务恢复的时候,应该能及时发现,并保存起来以供重新调用。后者是指,系统需要对流量进行限制,避免在流量高峰时,因过载造成整个微服务系统崩盘,常用的限流算法有时间窗口法、漏桶法、令牌桶法等。

(5)监控技术选型策略。微服务系统监控也是微服务的一个重要方面,通过系统状态采集和可视化手段展现出来,实现对系统运行状态的实时监控。通过设置阈值触发报警,对问题及时发现及时处理。①监控数据采集:主要可以通过在程序里设计探针,也可以日志收集方式实现。一般来说对于微服务系统,比较关心平均响应时间、单位时间失败次数、CPU 和网络负载等信息。②实时计算:将监控数据推送到监控中心,进行实时计算,统计每秒查询率(QPS)、平均/最大响应时间、平均错误数等数据,通过阈值决定是否发送报警。③可视化界面:选用较为常见的监控可视化工具,可以以免编程的方式实现实时图表,动态反映出系统的趋势。

(6)参数优化。参数优化牵涉连接数目、超时时间、线程数等参数设置。通常采用自动化方式优化试验参数的手段,可以归纳为以下步骤:①设定 1 个参数区间;②设定 N 个参数探测点;③对 N 个探测点进行试验;④统计结果最优的探测点。

三、平台开发

水利领域长期的信息化实践积累了大量的数据资源,从采集方式的视角归纳如下:实时监测信息,包括水文观测(地表地下水水量水质状态等信息)、水利设施在线运行状态、用水户取用水和排水等信息及通过卫星遥感和视频监控获取的信息;通过自身业务办理过程搜集整理或不定期专项调查获得的信息,如水资源调查评价、水资源规划、防洪规划、山洪灾害调查评价、水土保持遥感调查、灌区发展规划等业务产生的信息;通过与气象、自然资源、生态环境、农业农村、统计、电力、工业信息化等政府涉水部门交换获得的信息资源;还有通过互联网获取的有关水利管理信息。国家防汛抗旱指挥系统、国家水资源监控能力建设、国家地下水监测工程等项目的实施,为水利数据提供了持续更新的能力。

水利大数据平台分为多个子系统,包括安装部署子系统、数据采集子系统、存储与计算子系统、管理子系统、接口服务子系统、工作流子系统、分析挖掘子系统及可视化子系统,这些子系统之间通过 JDBC/ODBC、Http RESTful 标准接口及 iFrame 框架进行数据集成和页面集成。

基于用户界面(user interface,UI)设计规范开发平台的人机界面,利用 J2EE 开发框架进行水利大数据平台后台开发,通过集中式认证服务(central authentication service,CAS)框架,以业务应用对权限管理的要求为依据,实现水利大数据平台的功能和数据的统一认证、权限管理。对平台进行功能、性能及安全测试,测试通过之后通过专用网络进行集群式部署。

在水利大数据平台开发中，要对集群操作系统、磁盘和网络等硬件资源配置进行优化。对于操作系统的优化，以 Linux 操作系统为例，选择 Ext4 文件系统对磁盘进行格式化，避免使用逻辑卷进行磁盘管理；需要关闭 Swap 分区，以减少数据的内存与交换分区之间交换传输的次数，降低对 Java 虚拟机（Java virtual machine，JVM）性能的影响，保证集群的整体性能。对于磁盘的优化，计算节点的磁盘配置过程中，选择使用 noatime 选项挂载磁盘，并使用两块 SAS 盘做独立冗余磁盘阵列（redundant array of independent disks，RAID），用于安装操作系统，避免出现因一块磁盘损坏而死机的情况；另外使用多块 SATA 盘不做 RAID，直接挂载到不同目录下，在 hdfs-site.xml 配置文件中通过 dfs.data.dir 参数配置这些数据目录，提升集群磁盘读写性能。对于网络的优化，计算节点之间有数据的传输与频繁指令交互，因此计算节点之间应采用万兆网络交换机进行连接，提高其计算效率。

第四章　智慧水利数字孪生技术系统构建

第一节　数字孪生的应用背景及应用

一、数字孪生的概念和发展历程

数字孪生的概念起源于美国航空航天局(NASA)"阿波罗"计划,即在地球上用一个相同的航天器模拟太空中航天器的状态。2003年,美国密歇根大学 Michael Grieves 教授提出"与物理产品等价的虚拟数字化表达"的概念,随后这一概念又被他称为"镜像空间模型"和"信息镜像模型"。直到2011年,美国空军实验室和 NASA 首次运用数字孪生这一概念,定义面向飞行器的仿真模型与该模型对应的实体功能、实时状态和演变趋势,从而实现飞机管理和维护的分析和优化。2012年,Edward Glaessgen 和 David Stargel 认为数字孪生是一个综合多物理、多尺度、多概率模拟的复杂系统,通过最佳的物理模型、传感器和历史数据将飞行器数字镜像成孪生生命体。同年,NASA 发布了数字孪生的"建模、仿真、信息技术和处理"路线图,使数字孪生进入公众视野。2014年,数字孪生理论与技术体系被引入,并被美国国防部、NASA、西门子等公司接受并推广。2017年,庄存波等提出了产品数字孪生体的概念,即在信息空间对物理实体的工作状态和进展进行全要素重建和数字化映射,可用来模拟、监控、诊断、预测、控制产品物理实体在现实环境中的生产过程、状态和行为。2018年,Tao et al.认为数字孪生是产品全生命周期的一个组成部分,利用产品生命周期中的物理、虚拟和交互数据可对产品进行实时映射。自2017年,美国 Gartner 公司连续三年将数字孪生列为当年十大战略科技发展趋势之一。Gartner 公司认为数字孪生体是物理世界实体或系统的数字代表,在物联网背景下连接物理世界实体,提供相应实体状态信息,对变化做出响应,改进操作,增加价值。世间万物都将拥有其数字孪生体,并且通过物联网彼此关联,创造出巨大的价值。

二、数字孪生的应用现状

数字孪生的应用探索首先出现在航空领域,主要应用在飞行器的研发、制造装配和运行维护中。美国空军研究实验室(AFRL)从2009年起开始筹划并投资飞机机体数字孪生(ADT)项目,并通过最新的概率分析方法预测机体疲劳损伤扩展和做出维护决策,从而实现更可靠的结构完整性评估。演示试验从2017年开始,目前仍在进行中。预计到2035年,能实现当航空公司接收一架飞机时,将同时接收飞机的每一个部件、每一个结构,并且飞机的数字孪生体伴随着真实飞机的每一次飞行而老化。如果飞机有任何问题,都可以在数字孪生系统中被预先感知到,因此数字孪生使得航天器朝着智能化方向发展。

除了航空领域,数字孪生已被广泛应用于智能制造领域。2017年,在世界智能制造大会上数字孪生被确定为世界智能制造十大科学技术进展之一。在制造业运用数字孪生是由于系统的复杂性,同时也考虑到外部因素作用、人的相互作用及设计的限制。刘义等针对目前智能车间存在的管理效率低、精准决策难等问题,设计了基于数字孪生智能车间的体系架构,开展了智能车间管控平台应用建设,解决了数据多端多维度展示、三维场景联动和实时在线异常报警等问题。Zhu et al.提出将数字孪生技术应用到 CNC 数控铣床的加工中,结合 AR 技术使整个加工过程可视化,在虚拟环境中实时监控实体环境的加工情况,在虚实世界交互过程中实时产生数字孪生数据,进一步提高加工远程监控的可靠性。针对具体装配线上的产品,王少平等基于 3D 设计软件构建生产线的数字化孪生模型,然后对模型进行结构优化和设计参数的修正,通过三域协同循环迭代优化,降低生产线设计成本,提高设计效率。产品的数字孪生应用覆盖产品的研发、工艺规划、制造、测试、运维等各个生命周期,应用前景十分广阔。

此外,数字孪生在船舶航运、能源、智慧城市等其他领域的相关研究在近年呈现快速增长的趋势。

为了挖掘水路运输潜力,需要引入新人工智能方法,从顶层和数据融合角度进行体系优化。黄永军等提出了一种基于数字孪生工具的解决方案,以某港口配套船舶的需求为出发点,建立了港口、航道的三维立体平行仿真环境。数字孪生系统将大量数据融合和统一,满足了港口感知系统、岸基基础系统、岸基智能服务系统、船载系统(App 服务)、网络系统(港口热点)、面向未来的自动系泊系统等的智能需求。白雪梅在数字孪生应用平台中,对装备模型进行仿真装配和建造,提升装配建造效率,确保装配得准确无误。此外,还对海洋环境、船舶结构进行仿真模拟,进行功能及性能仿真试验测试,为船体的设计优化提供可靠依据,大幅提高试验效率,节约成本。

国家能源局提出智慧能源战略,建设互联互通、透明开放、互惠共享的能源共享平台,以期解决能源行业普遍存在的壁垒问题。数字孪生技术在物理世界和数字世界之间建立了精准的联系,有助于解决智慧能源发展所面临的技术难题,支持从多角度对能源互联网络进行精确仿真和控制。清华大学研究团队借助数字孪生 Cloud IEPS 平台,建立了包含电负荷、冷负荷、热负荷、燃气发电机、吸收式制冷机、燃气锅炉、光伏、蓄电池、蓄冰空调系统等设备在内的数字孪生综合能源系统模型,利用该模型对系统内各装置的容量进行优化来降低系统运行成本。数字孪生综合能源系统通过工业互联网实现能源系统各环节设备要素的连接,实现综合能源系统的“共智”。

数字孪生城市,即在建筑信息模型和城市三维地理信息系统的基础上,利用物联网技术把物理城市的人、物、事件和水、电、气等所有要素数字化,在网络空间再造一个与之完全对应的“虚拟城市”,实现物理城市世界和数字城市世界的互联、互通、互操作。其核心是在数字空间构建与物理城市高度一致的城市孪生体,并在孪生体内以数据资源代替物理资源,实现城市各类应用。数字孪生城市理念自提出以来,在国内政、产、学、研、用各界引起广泛关注,掀起研究和建设热潮,其中雄安新区率先推进数字孪生城市建设。在管理平台建设中,采取 GIS 和 BIM 融合的数字技术记录新区成长的每一个瞬间,结合 5G、物联网、人工智能等新型基础设施的建设,逐步建成一个与实体城市完全镜像的虚拟世界,从而实现对当前状态的评估、对过去发生问题的诊断及对未来趋势的预测,为业务决策提供全面、精准的决策依据。

数字孪生不仅使生产模式改变，服务模式也产生了相应变化。在航空领域，数字孪生使飞行器参数透明化，降低了人力成本，加强了飞行器的运行和维护工作；在制造领域，数字孪生使产品生产线、工艺研发周期大幅缩短，制造成本大幅降低；在船舶航运领域，数字孪生改变了水路运输模式，使船舶系统更加便捷智能；在能源领域，数字孪生降低了系统运行成本，实现了能源系统共享；在城市建设上，数字孪生使城市管理和运营更高效，还能对未来精准预测。除此之外，数字孪生在建筑领域降低了建造成本、缩短了建筑工期；在医疗领域优化了医疗资源管理，验证手术方案；在电力方面实现三维可视化管理等。可见，数字孪生在推动智能化方面拥有巨大的应用前景，将成为未来世界发展的重要趋势。

三、数字孪生与智慧水利

（一）数字孪生在水利工程中的应用前景概述

基于数字孪生概念，可通过物联网实现工程项目地质勘查现场物理空间的感知与数据传输，通过三维实景技术与地质三维模型实现虚拟空间对真实物理空间的仿真模拟，通过物联网、大数据、云计算等实现虚拟空间与物理空间的动态交互，从而对水利工程运行过程进行实时的监测、诊断、分析、决策和预测，进而实现水利工程的智能运行、精准管控和可靠运维，将智慧水利推向更加便捷智能的发展道路。

（二）数字孪生在水利工程中的应用现状

目前，数字孪生在水利工程中的相关理论和应用研究还处于初步探索阶段。

杜壮壮等针对河道工程管理方法的落后性和决策结果的滞后性，建立了基于数字孪生的河道工程可视化智能管理方法。通过元数据感知、存储、后处理和智能决策，建立了真实河道工程与虚拟物理空间的映射关系，将传统“事情发生—解决问题”的思路转变为“预测事情发生—提供解决问题方案”，增强了河道工程安全、绿色维护管理的科学性和前瞻性，从而实现河道工程管理数字化、可视化、智能化。

王国岗等基于数字孪生技术，融合 BIM、GIS、GPS、倾斜摄影等技术手段，并结合大数据、云平台、物联网、移动互联等新一代信息技术，构架了数字孪生水利水电工程地质勘查应用体系，为工程建设各个阶段提供全方位的真实地质三维实景环境，提高了地质生产数字化、信息化、智能化水平。

蒋亚东等基于数字孪生技术建立虚拟模型对设计方案进行可视化呈现，解决了水利工程运行管理中多专业协同工作难的问题；针对施工过程中的关键位置和复杂部位，结合施工现场的环境和条件，提供可视化的模拟，使相关工作人员能够清楚地了解整个施工过程，并且能够结合施工过程中所出现的问题对设计方案进行不断的优化，以此提高工作效率。

现有研究中所提出的基于数字孪生技术的水利解决方案主要侧重于理念的提出，搭建了数字孪生体系的架构，但应用方案的具体实施细节还有待完善，这也是本书研究的重点。本书通过介绍数字孪生技术在智慧水利上的具体应用案例，给出了具体的物理和数字模拟过程、传感器的设置规范及安装调试，并对应用情况进行了综合评价，为数字孪生技术在水利特别是水治理上的应用提供了坚实的理论基础和实际参考价值。

第二节 智慧水利的数字孪生系统

一、面向水利的数字孪生系统概述

数字孪生系统充分利用物理模型、智能传感器数据、运维历史等数据,集成多学科、多物理量、多尺度、多概率的仿真过程,在虚拟空间中完成对水利系统的映射。数字孪生实例反映对应仿真对象的全生命周期过程,能够实时更新与动态演化,进而实现对水利系统的真实映射。

二、系统架构

数字孪生系统的建立按照五维模型可分为五个方面。

(一)物理实体

物理实体是物理世界中客观存在的事物,例如在构建数字孪生城市时城市中的路灯、消防栓、摄像头、高楼大厦等,物理实体处通常会布置各种传感器,实时监测物理实体的环境数据和运行状态,量化环境数据与状态参数,为虚拟模型的动态仿真提供数据基础,是数字孪生技术的载体。

(二)虚拟模型

根据物理实体进行数字化三维建模是对物理实体的虚拟映射。虚拟模型的建立遵循几何、物理、行为和规则的原则。几何原则是指孪生模型与物理实体的形状轮廓、尺寸大小及布置方式一致;物理原则是指孪生模型的自身属性例如孪生模型的材料参数、应力应变等与实体模型一致;行为原则是指孪生模型对数字驱动的响应和反馈与物理模型一致;规则是指孪生模型具有和物理实体一致的运行规律,能够真切反映物理实体的运行状态。遵循这 4 个建模原则,孪生模型才可能具备真实展示、评估优化、预测评测等功能。

(三)连接

动态实时交互连接,将物理实体、孪生模型和服务系统通过孪生数据进行两两有机结合,使得信息和数据在各部分之间进行迭代交互优化,实现数据驱动的数字孪生平台展现。

(四)孪生数据

孪生数据是数字孪生技术的核心要素。孪生数据的产生源于物理实体、孪生模型和服务系统等,多元融合后又反馈到物理实体、孪生模型和服务系统中,实现物理实体、孪生模型和服务系统之间的交互共融。孪生数据是数字孪生技术的动力源泉。

(五)服务系统

服务系统基于物理实体的智能感知技术和孪生模型的数据处理和优化,为用户提供实时监测、在线评估和智能控制等服务内容,为物理实体的全生命周期管理提供宏观数据和智能决策。

基于提出的数字孪生技术五维结构模型,陶飞等提出了数字孪生技术在 10 类应用中的初步概念,其中基于数字孪生技术的检测与本书搭建的平台最为契合。检测是指针对某些状态参量进行实时或者非实时的定量或者定性测量;数字孪生驱动的检测是指在物理实体中借助智能感知、实时传输技术，对物理实体进行定量或者定性检测。在虚拟空间中搭建和物理实体高度保真的孪生模型，通过实时或者历史孪生数据驱动孪生模型，从而在虚拟模型中直观、全面地反映物理实体的全生命周期状态，为物理实体提供与之相匹配的服务系统。根据上述数字孪生技术五维模型，总结出数字孪生平台系统搭建的总体架构，如图 4-1 所示。

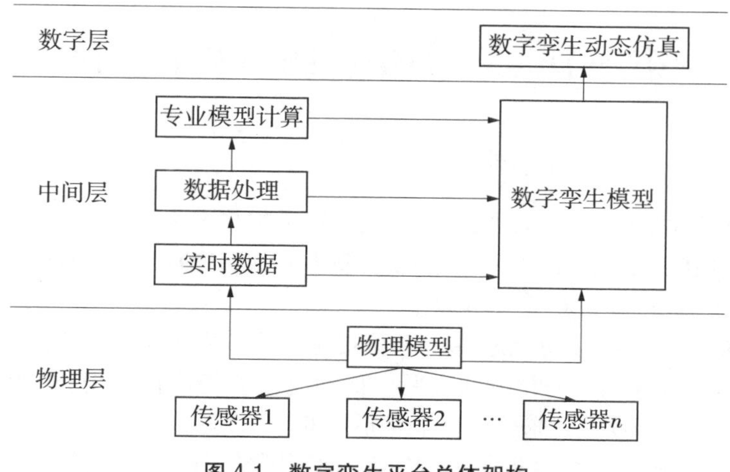

图 4-1　数字孪生平台总体架构

三、关键技术

基于物联网、智能感知、大数据、云计算和可视化技术，融合水循环专业模型算法，围绕全流域“水安全、水环境、水生态”，打造“横向到边、纵向到底”及“系统治理、全局掌控”的智慧治水解决方案。

（一）物联网

物联网通过传感设备，把物品与互联网连接，进行信息交换和通信，主要包含智能数据通信终端、通用数据采集软件、海量数据存储和数据分析、物联云平台。

（二）智能感知

智能感知传感器包括终端柔性智慧水尺、智慧雨量计、智慧水球。终端柔性智慧水尺对城市排水管道、历史积水点、河流等易涝区域的水位进行在线监测；智慧雨量计对城市低洼地、河流、湖泊等关键点的雨量进行在线监测；智慧水球对城市内外河流、湖泊、污水管道排水口等区域的水质进行在线监测。

（三）大数据

实时采集、清洗、分析、治理、挖掘涉水的空、天、地数据，结合涉水工程的规划、设计、建设、运维数据，自动追踪水轨迹。

（四）云计算

构建水循环算法模型，提供水量－水质－水生态的预测预报预警。

（五）可视化

基于电子地图可视化展示任意管线或管点，可查看其详细的属性信息。

第五章 智慧水利与5G技术

第一节 5G通信系统的发展历程

一、1G时代:只能语音不能上网

1G作为移动通信的鼻祖,为类比式系统,是以模拟技术为基础的蜂窝无线电话系统。1G通信系统采用频分多址(FDMA)的模拟调制方式,将300~3 400 Hz的语音转换到高频的载波频率上(一般在150 MHz或以上)。

20世纪60年代,美国贝尔实验室等单位提出了蜂窝系统的概念和理论,但由于受到硬件的限制,70年代才向产业化方向发展。移动通信的变革在北美、欧洲和日本几乎同时进行,但在这些国家或地区采用的标准是不同的。

1971年12月,美国电话电报公司(AT&T)向美国联邦通信委员会(FCC)提交了蜂窝移动服务提案;1978年,美国贝尔实验室成功研制出全球首个移动蜂窝电话系统AMPS;1982年,AMPS被FCC批准,分配了824~894 MHz频谱,正式投入商业运营。1979年,由NET在日本东京开通了第一个商业蜂窝网络,使用的技术标准是日本电报电话(NTT),后来发展了高系统容量版本Hicap。北欧于1981年9月在瑞典开通了NMT(Nordic移动电话)系统,接着欧洲先后在英国开通TACS系统,在德国开通C-450系统等。1G通信系统存在众多弊端,如保密性差,系统容量有限,频率利用率低,只能进行语音通信,无法进行数据传输,设备成本高,体积、重量大等。由于受到传输带宽的限制,不能进行移动通信的长途漫游,只能是一种区域性的移动通信系统。常见的1G标准如下。

(1)AMPS:高级移动电话系统,运行于800 MHz频带,在北美、南美和部分环太平洋国家被广泛使用。

(2)TACS:总接入通信系统,由摩托罗拉公司开发,是AMPS系统的修改版本,运行于900 MHz频带,分为ETACS(欧洲)和JTACS(日本)两种版本。英国和部分亚洲国家广泛使用此标准。1987年,我国邮电部确定以TACS制式作为我国模拟制式蜂窝移动电话的标准。

(3)NMT:北欧移动电话系统,运行于450 MHz、900 MHz频带,曾应用于瑞士、荷兰及俄罗斯等国家或地区。NMT450由爱立信和诺基亚公司开发,服务于北欧国家。它是世界上第一个被多国使用的蜂窝网络标准,运行于450 MHz频段。NMT900为升级版本,有更高的系统容量,并能使用手持的终端产品。

(4)C-Netz:运行于450 MHz频带,应用于德国、葡萄牙及奥地利。

(5)C-450与C-Netz基本相同,运行于450 MHz频带,20世纪80年代被部署在非洲南部。

（6）RadioCom 2000：简称RC2000，运行于450 MHz、900 MHz频带，应用于法国。

（7）RTMS：运行于450 MHz频带，应用于意大利。

（8）NTT：分为TZ-801、TZ-802和TZ-803三种制式，高容量版本称为HICAP。

1G时代以AMPS为代表，只能语音通信不能上网，网络容量也严重受限。除此之外还有许多弊端，如保密性差、系统容量有限、频率利用率低、设备成本高、体积重量大等。

由于受传输带宽的限制，不能进行移动通信的长途漫游，只能是一种区域性的移动通信系统，只有“国家标准”，没有“国际标准”，系统制式混杂不能国际漫游成为一个突出的问题。这些缺点都随着第二代移动通信系统的到来得到了很大改善。

虽然1G时代并不区分移动、联通和电信，却有着A网和B网之分，而在这两个网背后就是主宰模拟时代的爱立信和摩托罗拉公司。通信设备就像砖头一样，人们俗称“大哥大”，但却昂贵无比。

我国移动通信时代的到来比较晚，1987年才开始，并以TACS为标准。

二、2G时代：跨时代的经典一代

20世纪70年代进入了2G时代，开启数字蜂窝通信，摆脱了模拟技术的缺陷，有了跨时代的提升，虽然仍定位于语音业务，但开始引入数据业务，并且手机可以发短信、上网。2G的天下也呈现出“抱团”的现象，与1G时代的乱战相比，“天下”被分割为GSM（基于TDMA）与CDMA两种形式。

随着移动通信用户数的增加，TDMA依靠大力压缩信道带宽的做法已经显现出弊端，美国高通便投入了CDMA的研发中，并证实CDMA用于蜂窝通信的容量巨大，且频率利用率高、抗干扰能力强，所以应用前景也被看好。常见的2G标准如下。

（1）GSM：全球移动通信系统，基于TDMA，源于欧洲并实现全球化，使用GSN处理器。GSM系统通过SIM卡来识别移动用户，这为发展个人通信打下了基础。

（2）IDEN：基于TDMA，是美国独有的系统，被美国电信系统商Nextell使用。

（3）IS-136（D-AMPS）：基于TDMA，是美国最简单的TDMA系统，用于美洲。

（4）IS-95（CDMA One）：基于CDMA，是美国最简单的CDMA系统，用于美洲和亚洲一些国家和地区。

（5）PDC：基于TDMA，仅在日本使用。

2G时代开始了移动通信标准的争夺战，1G时代各国的通信模式系统互不兼容，迫使厂商要发展各自的专用设备，无法大量生产，在一定程度上抑制了产业的发展。2G时代虽然标准也比较多，但已经有“领导性”的网络制式脱颖而出。GSM也让全球漫游成为可能。

伴随着1989年GSM统一标准的商业化，在欧洲起家的诺基亚与爱立信开始攻占美国和日本市场，仅仅10年工夫，诺基亚力压摩托罗拉，成为全球最大的移动电话商。

我国2G网络的建设始于1994年中国联通的成立，2000年4月中国移动成立。

三、3G CDMA的家族狂欢

2G在发展后期暴露出来的频分多址（FDMA）的局限，让通信厂商找到了3G发展的方向。3G 移动网络必须要面对新的频谱、新的标准、更快的数据传输。而 CDMA 系统以其频率规划简单、系统容量大、频率复用系数高、抗多径能力强、通信质量好、软容量、软切换等特点显示出了巨大的发展潜力。

国际电信联盟(ITU)发布了官方第 3 代移动通信(3G)标准 IMT-2000(国际移动通信 2000 标准)。在 2000 年 5 月,确定 WCDMA、CDMA2000、TD-SCDMA 三大主流无线接口标准;2007 年,WiMax 成为 3G 的第四大标准。

可见,3G 虽然标准还是有多家,但是也快成为 CDMA 的“家族企业”了。WiMax 定位是取代 Wi-Fi 的一种新的无线传输方式,但后来发现 WiMax 定位比较像 3.5G,提供终端使用者任意上网的连接,这些功能 3.5G/LTE 都可以达到。

(1)WCDMA(欧洲):基于 GSM 发展而来,欧洲与日本提出的宽带 CDMA 基本相同并进行了融合。该标准提出了 GSM(2G)—GPRS—EDGE—WCDMA(3G)的演进策略。基于 GSM 的市场占有率,WCDMA 具有先天的市场优势,是终端种类最丰富的 3G 标准,占据全球 80%以上的市场份额。

(2)CDMA2000(美国):由窄带 CDMA(CDMAIS95)技术发展而来的宽带 CDMA 技术,美国高通北美公司为主导提出,摩托罗拉、朗讯科技(Lucent)和韩国三星都有参与,但韩国成为该标准的主导者。CDMA2000 可以由 CDMA One 结构直接升级到 3G,成本低廉。但使用 CDMA 的地区只有日、韩和北美,所以 CDMA2000 的支持者不如 WCDMA 的多。

(3)TD-SCDMA(中国):我国独自制定,1999 年 6 月,我国邮电部电信科学技术研究院(大唐电信)向 ITU 提出,但技术发明始于西门子公司。TD-SCDMA 因辐射低被誉为绿色 3G。该标准可不经过 2.5 代的中间环节直接向 3G 过渡,适用于 GSM 系统向 3G 升级。但相对于另两个主要 3G 标准 CDMA2000 和 WCDMA,它的起步较晚,技术不够成熟。

(4)WiMax:微波存取全球互通,又称为 802.16m 无线城域网,是一种为企业和家庭用户提供“最后一英里”的宽带无线连接方案。

日本是世界上 3G 网络起步最早的国家。2000 年 12 月,日本以招标方式颁发了 3G 牌照;2001 年 10 月,NTT DoCoMo 开通了世界上第一个 WCDMA 服务。落后于日本 9 年,我国在 2009 年 1 月 7 日颁发了三张 3G 牌照,分别是中国移动的 TD-SCDMA、中国联通的 WCDMA 和中国电信的 WCDMA2000。

中国电信获得的是较成熟的 CDMA 标准,由于其高通垄断着 CDMA 专利,导致业界只有威睿和高通能生产 CDMA 芯片,生产 CDMA 手机的门槛和成本太高导致手机企业参与生产 CDMA 手机的积极性不高。

中国移动获得最不成熟的 TD-SCDMA 标准,当时 TD-SCDMA 尚未有成熟可用的手机芯片,中国移动无奈之下只好花费 6.5 亿元刺激手机芯片企业开发 TD-SCDMA 芯片,直到 2012 年,联发科技推出成熟廉价的 TD-SCDMA 芯片。

中国移动的 TD-SCDMA 为自主研发,因此在 3G 用户数量、终端数量、运营地区上都存在一定的劣势,失去了领跑的机会,只能将翻身的希望寄予 4G 时代。

四、4G时代:真正的自由沟通

3G是高速IP数据网络,虽然上网已经变得不是什么奢侈的事情,但是还不能满足人们的需求。所以,在3G普及度并不高的时候,4G的研发已经开始了。4G通信系统可称为广带接入和分布网络,可将上网速度提高到超过3G移动技术的50倍,可实现三维图像高质量传输。

4G有多个叫法,国际电信联盟(ITU)称其为IMT-Advanced技术,其他的还有B3G、BeyondIMT-2000等叫法。

2009年初,ITU在全世界范围内征集IMT-Advanced候选技术。2009年10月,ITU共征集到了六个候选技术。这六个技术基本上可以分为两大类:一类是基于3GPP的LTE技术;另外一类是基于IEEE802.16m的技术。

2012年1月,正式审议通过将LTE-Advanced和Wireless MAN-Advanced(802.16m)技术规范确立为IMT-Advanced(俗称4G)国际标准。我国主导制定的TD-LTE-Advanced同时成为IMT-Advanced国际标准。常见的4G标准如下。

(1)LTE:它改进并增强了3G的空中接入技术,采用OFDM和MIMO作为其无线网络演进的唯一标准。由于WCDMA网络的升级版HSPA和HSPA+均能够演化到FDD-LTE,我国自主研发的TD-SCDMA也可绕过HSPA直接向TD-LTE演进,所以这一4G标准获得的支持是最大的。

(2)LTE-Advanced:LTE技术的升级版,正式名称为Further Advancements for EUTRA。LTE是3.9G移动互联网技术,那么LTE-Advanced应该说是4G标准则更加确切一些。LTE-Advanced包含TDD和FDD两种制式。TD-SCDMA能够进化到TDD制式,而WCDMA网络能够进化到FDD制式。中国移动主导的TD-SCDMA网络可绕过HSPA+网络而直接演进到LTE。

(3)WiMax:全球微波互连接入,另一个名称是IEEE802.16m。WiMax的技术起点较高,能提供的最高接入速度是70 Mbit/s,这个速度是3G所能提供的宽带速度的30倍。

(4)Wireless MAN-Advanced:WiMax的升级版,即IEEE802.16m标准。IEEE802.16m最高可以提供1 Gbit/s无线传输速率,还将兼容未来的4G无线网络。

美国最大的移动运营商Verizon选择的是LTE,布局了上百个城市,后期开始向LTE-Advanced演进;第二大移动运营商AT&T采取HSPA+和LTE技术并驾齐驱;第三名的Sprint则重压WiMax,不过后来也开始布局LTE,走双战略路线。欧洲和美国类似,选择WiMax及LTE两种网络标准制式的居多。

全世界发展最快的是韩国,2011年开始,韩国三大电信运营商SKT、KT和LGU+就开始部署LTE 4G网络。日本4G的发展情况跟韩国差不多,日本4G的发展虽然没有造成运营商格局的变化,但却成就了异常繁荣的移动互联网市场。

第二节　5G 通信系统的优势

一、5G 的特点

(一)边缘计算

边缘计算是在靠近物或数据源头的网络边缘侧,融合网络、计算、存储、应用核心能力的分布式开放平台,就近提供边缘智能服务。

从边缘计算联盟(ECC)提出的模型架构来看,边缘计算主要由基础计算能力与相应的数据通信单元两大部分构成。随着底层技术的进步及应用的不断丰富,近年来全球物联网产业实现爆发式增长,这也为边缘计算提供了更多的应用场景。

5G 通信的超低时延与超高可靠性要求,使得边缘计算成为必然选择。在 5G 移动领域,移动边缘计算是信息与通信技术(ICT)融合的大势所趋,是 5G 网络重构的重要一环。

互联网数据中心(IDC)表示,2020 年,有超过 500 亿的终端与设备联网,而有约 50%的物联网网络将面临网络带宽的限制,约 40%的数据需要在网络边缘分析、处理与储存。因此,边缘计算市场规模将超万亿,成为与云计算平分秋色的新兴市场。

虽然云计算中心具有强大的处理性能,但是边缘计算不仅能够克服云计算网络带宽与计算吞吐量的性能瓶颈,还能够更实时地处理终端设备的海量“小数据”,并保证终端的数据安全。

5G 时代,将会是一个“边+云”的“边云协同”时代,边缘计算与云计算各取所长、协调配合。

在 4G 网络标准的制定中,由于并没有考虑把边缘计算功能纳入其中,导致出现大量“非标”方案、运营商在实际部署时“异厂家设备不兼容”、网络互相割裂等问题,常需要进行定制化的、特定的解决方案。这不仅提高了运营商成本,还造成网络架构不能满足低时延、高带宽、本地化等需求。

为了解决 4G 痛点,早在 5G 研究初期,MEC(Multi-acess Edge Computing,大多接入边缘计算)与网络功能虚拟化(NFV)和软件定义网络(SDN)一同被标准组织 5GPPP 认同为 5G 系统网络重构的一部分。2014 年,ETSI(欧洲电信标准协会)成立了 MECISG(边缘计算特别小组)。

在 2018 年,3GPP 的第一个 5G 标准 R15 已经冻结。3GPP SA2 在 R15 中定义了 5G 系统架构和边缘计算应用,其中核心网部分功能下沉部署到网络边缘,RAN 架构也将发生较大改变。

随着 5G 商用,MEC 边缘云的应用将进入百花齐放、百家争鸣的开放阶段。

(二)超低时延

1.上行时间延迟

上行时间延迟(从手机到基站):当手机有一个数据包要发送到网络端时,需要向网络端发起无线资源请求的申请(scheduling request,SR),告诉基站“我有数据要发啦”!

基站接收到请求后,需要 3 ms 解码用户发送的调度请求,然后准备给用户调度的资源;准备好后,给用户发送信息(grant),告诉用户在某个时间到某个频率上去发送它想要发送的数据。

用户收到了调度信息之后,需要3 ms解码调度的信息,并将数据发送给基站。基站收到用户发送的信息之后需要3 ms解码数据信息,完成数据的传送工作。整个时间计算下来是9 ms。

2.下行时间延迟

下行时间延迟(从基站到手机):当基站有一个数据包需要发送到手机,需要3 ms解码用户发送的调度请求,然后准备给用户调度的资源,准备好了之后,给用户发送信息,告诉用户在某个时间到某个频率上去接收它的数据。用户收到了调度信息之后,需要3 ms解码调度信息并接收解码数据信息,完成数据的传送工作。整个时间计算下来是6 ms。所以,总共的双向时延是9 ms+6 ms=15 ms。

2015年3月初,中国上海,在3GPP RAN第67次会议上,终于迎来了关于减少LTE网络时间延迟的研究项目(SI)立项(RP-150465 New SI Proposal:Study on Latency Reduction Techniques for LTE)。

2018年,LTE release 15标准确立,LTE的网络延迟理论上可以降至双向2.7 ms(下行0.7 ms+上行2.0 ms)。至此,LTE的无线网络延迟改善已达极限。

(三)实时在线

功耗问题是困扰物联网技术发展的最大障碍。因为物联网的节点太多,而且由于很多条件的限制,终端没有办法充电,只能在初次装入电池后,寄希望于终端自身节省电能,使用得越久越好。为了解决这个问题,3GPP专门推出了针对广域物联网的窄带物联网技术,通过限定终端的速率(物联网终端对通信的实时性一般要求不高)、降低使用带宽、降低终端发射功率、降低天线复杂度(SISO)、优化物理层技术(HARQ,降低盲编码尝试)、采用半双工,从而使终端的耗电量降低。而5G还会在这个基础上走得更远,如通过降低信令开销使终端更加省电,使用非正交多址技术以支持更多的终端接入等。

(四)智能制造

5G作为支撑智能制造转型的重要使能技术,结合云计算、大数据、人工智能等技术,助力企业实现生产设备智能化及生产管理智能化,打造更柔性的生产线,并将分布广泛的人、机器和设备连接起来,构建统一的工业互联网络。

引入5G边缘计算、网络切片等新技术,运营商可以为企业提供更专业、更安全的云网一体化新型智能基础设施和轻量级、易部署、易管理的解决方案,助力企业向柔性制造、自动化生产、智能化方向演进。

据此,企业向柔性制造、自动化生产和无线数字化方向演进的过程中,可以按照自己的人员配置,便捷而灵活地选择方向。例如,将部分现场设备计算能力上移,特别是图像质检等流程,基于5G边缘云可以实现综合调度和快速迭代。其他如5G赋能工业AR、车间巡检等场景,都可以实现效率的提升,从而使成本下降。

作为新一代信息技术,5G将从移动互联网扩展到移动物联网领域,与经济社会各领域深度融合,全面构筑经济社会发展的关键信息基础设施,培育经济发展新动能,拓展民生福祉新内涵。

(五)高移动性

近年来,智能手机、平板计算机等移动设备的软、硬件水平得到了极大提高,支持大量的应用和服务,为用户带来了很大的方便。基于5G的移动云计算是一种全新的IT资源或信息服务的交付与使用模式,它是在移动互联网中引入云计算的产物。移动网络中的移动智能终端以按需、易扩展的方式连接到远端的服务提供商,获得所需资源,主要包含基础设施、平台、计算存储能力和应用资源等。

在移动云计算中,移动设备需要处理的复杂计算和数据存储从移动设备迁移到云中,降低了移动设备的能源消耗并弥补了本地资源不足的缺点。此外,由于云中的数据和应用程序存储和备份在一组分布式计算机上,降低了数据和应用发生丢失的概率。移动云计算还可以为移动用户提供远程的安全服务,支持移动用户无缝地利用云服务而不会产生时延、抖动。移动云是一个云服务平台,支持多种移动应用场景,例如移动学习、移动医疗、智能交通等。尽管移动云计算能够大大增强移动终端的计算能力并降低终端能耗,但是由于移动智能终端与云计算中心的端到端网络传输时延与带宽具有不稳定性,因此移动云计算的通信通道传输时延无法避免。

(六)频谱效率高

无线频谱是运营商最宝贵的资源。如果把无线网络比作一片稻田的话,无线频谱就是种植这些水稻的土地。如果土地本来就少,还想要高产的话,则只能从培育良种上下功夫。

移动通信的每一代发展,都相当于培育出了更高产的水稻品种,再结合开荒,把以前难以利用的贫瘠土地也想办法用上,才能实现产量的数倍增长。

对于通信来说,提升产量就是要在同样大小的带宽上,实现更快的数据传输速率。4G和5G可以支持多种不同的系统带宽,要衡量它们的能力,就需要计算单位带宽的传输速率,也叫作频谱效率。

$$速率(Mbit/s)/带宽(MHz)=频谱效率[bit/(s\cdot Hz)] \quad (5-1)$$

通过式(5-1)就计算出了频谱效率,也就是每秒时间内,在每赫兹的频谱上,能传输多少比特的数据。具体见表5-1。

表5-1 4G与5G传输能力对比表

项目	4G	5G
速率	20 Mbit/s	100 Mbit/s
双工模式	FDD	TDD
调制方式	256 QAM	256 QAM
天线数	4	64
帧结构	FDD下行	5 ms单周期
峰值速率(下行)	391.63 Mbit/s	7.21 Gbit/s
频谱效率(下行)	19.58 bit/(s·Hz)	72.1 bit/(s·Hz)

在表5-1中,5G的理论频谱效率是4G的3.68倍,LTE用的是最主流的4天线发射,每个小区和每个用户能实现的流数相同,都是最多4流;而5G则使用64天线发射,虽然每个用户还是只能支持最多4流,但在Massive MIMO技术的加持下,整个小区同样的频谱可以多个用户复用,一共实现16流,在峰值速率上碾压4G。也就是说,Massive MIMO技术带来的多用户多流传输,是5G理论频谱效率提升的关键。对单个用户来说,5G的频谱效率就和4G相当了,速率的提升主要靠系统带宽的增大。

二、5G时代智慧水利的优势

(一)全面感知与闭环控制

随着智慧水利的提出,全面感知成为势在必行之举。当下智慧水利的感知,主要聚焦于物联网、卫星遥感、无人机、无人船和视频监控技术,采集自然水循环和社会水循环的各种指标数据及状态、位置等数据,从不同方面对自然水循环和社会水循环的指标要素进行全天候不间断的监测,从而获得大量的、综合性的信息。充分利用图像识别和语音识别等人工智能技术,对采集的数据进行挖掘,获取有用的信息,再辅助以大数据、图像识别等现代化的智能处理手段进行信息分析,建立对江河湖泊、水利工程、水利管理活动等水利全要素天地一体化全面动态感知,从而获得对水利全要素信息的全面掌握。信息的传输成为全面感知发展的制约。

而5G时代的到来,为全面感知和闭环控制提供了无限可能。5G技术具有超高速、超大链路、超低时延的特性,这为全面感知监测提供了实现的可能。5G的超高速实现物联网、卫星遥感、无人机、无人船和视频监控数据的高速传输;5G的超低时延和更快的边缘计算为数据挖掘提供了更加高效的策略。随着5G技术的发展,智慧水利的全面感知与闭环控制更加完善,也让智慧水利的发展更进一步。

(二)万物皆服务

5G技术的发展带动了IT服务交付和消费方式的转变,即服务(as-a-service)体系最初专注于以“软件即服务”(software-as-a-service)的模式提供软件技术,但很快扩展到其他领域,如平台即服务(platform-as-a-service)、基础架构即服务(infrastructure-as-a-service)、数据中心即服务(datacenter-as-a-service)等。与此同时,基于订阅的模式也在不断演进,以满足企业在物联网(IOT)和机器智能等趋势推动下展开数字化转型之旅的需求。为了跟上数字化趋势的步伐,实现工业4.0愿景,企业正在寻求优化流程,实现更出色的灵活性和性能效率。“一切即服务”(anything-as-a-service),也被称为“万物皆服务”(everything-as-a-service)或“XaaS”,在这种情况下横空出世,颠覆了市场,提供了一种旨在增强企业信息化每个环节的一体化软件包,包括软件、网络、平台、安全性和应用等。

从1G到5G,移动通信作为一种服务,其内涵发生了三次重大的跃迁:1G、2G到3G,服务内容从语音、短信跃迁为基于流量的移动互联;3G到4G,服务能力从移动互联网跃迁为移动宽带;4G到5G带来的第三次跃迁将是全局性的、质变性的,移动通信将从服务大众转变为服务社会,从有限开放转化为内生开放,从标准化、长流程、孤立化服务转化为定制化、快捷化、端到端服务。甚至毫不夸张地说,在5G时代,网络本身已经转化为服务,这就是NaaS(网络皆服务)。

NaaS 的概念很早之前就有了，但直到 5G 现在的发展阶段，这个概念才逐渐转化为现实，这是由于 5G 独有的架构、功能、性能能够支撑整个移动通信网络满足多场景、多指标需求，能够与各类新技术融合协同，进而支撑网络成为服务。

(三)“千人千面”

俗语“千人千面，百人百性”的意思是一千个人就有一千张不同的面孔，一百个人就有一百个不同的性格，指人人都有自己独特的个性，就和人人都有和别人不同的相貌一样。

对于智慧水利来说，“千人千面”则更多地体现在不知道每个人需要什么水利业务的支撑，但它知道你要的相关业务需要什么支撑，为每个用户提供各自关注的图层、重点业务、重点水利对象、重点统计成果等各类信息个性化定制。具有动态构建复杂应用场景的强大能力，具备智慧推荐、智慧寻优的人工智能服务能力，5G 时代的单元边缘数据效率、低时延为智慧水利的“千人千面”提供了无限可能。

第三节　5G+智慧水利的业务应用

一、水资源管理智能应用

(一)流域水利要素可视化应用

1.空间数据采集、处理和制作

流域空间数据包括流域的关键要素地理信息(包括水文站、水电站、水系、流域控制范围)和三维模型数据(包括三维地形、流域枢纽三维模型)。

1)流域的关键要素地理信息采集与处理

流域的关键要素地理信息采集是指将现有的包含地理信息的流域地图、仪器观测成果、航空航天工具拍摄的照片、遥感影像视频或照片、文档记载资料等转换成计算机可以识别和编辑的数字形式。流域的关键要素地理信息采集分为属性数据采集和图形数据采集。属性数据采集经常是人工赋予编码后通过键盘直接输入。图形数据采集可通过图形采集设备完成，是图形数据数字化的关键步骤。数据采集准确性的保障尤为关键，所以所采集的数据需要进行后期检查、修正和处理。

国家相关部门对流域的地理信息的采集已经基本完成。

2)三维模型数据的采集与制作

三维模型用于展示流域枢纽的空间信息。三维模型由点和其他类型要素构成，也可以通过算法实现。其采用虚拟方式储存，或存储于计算机文件中。因为三维模型本身是不可见的，所以需要通过贴图或者明暗处理来使其展现层次。

2.空间数据组织与共享

空间数据作为 WebGIS 的应用核心，其组织的好坏直接影响 GIS 系统的性能。由于空间数据的存储方式、数据格式、数据结构多种多样，需要将各类的数据进行统一组织与管理，实现数据共享。空间数据的特点是数据量大，包括了地理信息数据和属性数据，因此大量的空间数据必须遵循“由大变小”“化整为零”的原则。空间数据库的异构形式包括了数据库系统异构和数据格式异构两种形式。当前空间数据库产品众多，包括 Oracle Spatial、SQL Server Spatial、My Spatial、PostGIS 都是在已有的对象-关系型数据库基础上提供的扩展功能。由于数据的采集方式多样、处理方法和工具不同，产生的空间数据的格式也不尽相同，常用的格式有 SHP、KML、GeoJSON 等。空间数据模型是空间数据的组织和设计数据库模式的基本方法，其三要素是空间数据结构、空间数据操作和空间数据完整性约束。

（1）空间数据结构。空间数据结构用来描述空间数据的类型、内容、属性等。空间数据结构是空间数据模型、空间数据操作、空间数据约束的基础。空间数据类型的多样化决定了空间数据结构的多样化，它包含点、线、面、点集合、线集合、面集合等类型。

（2）空间数据操作。空间数据操作是指当前数据对象可实现的相关操作和规则。空间数据模型包含多种空间数据操作，如标记地理位置点、定义图像坐标系等。

（3）空间数据完整性约束。空间数据完整性约束是指各个空间数据之间的相互作用关系。

PostGIS 是具有空间存储能力的开源关系型数据库，并且提供了包含空间对象、空间索引、空间操作函数和空间操作符在内的空间信息服务功能，对于空间坐标信息的存储采用 Geometry 或者 Geograchy 类型的字段来表示。PostGIS 支持的数据结构种类包括点、线、面、点集合、线集合、面集合等类型。PostGIS 空间数据的共享方式采用 GeoServer 模式，不同用户根据自己的需求通过请求 GeoServer 上不同格式的空间完成数据的共享。

3.流域关键要素的加载

三维流域水资源管理虚拟仿真平台的流域地理信息包括水文站、水电站、水系、流域控制面等信息。Cesium 提供了多种类型要素的加载接口。首先，需要将水文站、水电站、水系、流域控制面等要素，从数据库中读取出来转为 GeoJSON 格式。GeoJSON 是一种专为地理信息数据量身定制的一种编码格式，GeoJSON 以 JSON 格式存储地理信息的属性和几何特征。一个健全的 GeoJSON 结构是一个独立的对象，JSON 对象通过键（key）和值（value）的形式组成，对象中的属性值即该要素的几何信息或者特征信息。每个 GeoJSON 结构可以表示一种几何类型，包括点、线、面、点集合、线集合、面集合。GeoJSON 是一个独立的对象，GeoJSON 对象内可以有任意数目的成员键值对，其中 type 属性确定了该 GeoJSON对象的地理信息类型，它的常用值包括：Point（代表点要素类型）、MultiPoint（代表点集合要素类型）、LineString（代表线要素类型）、MultiLineString（代表线集合要素类型）、Polygon（代表面要素类型）、MultiPolygon（代表面集合要素类型）、Feature、FeatureCollection 或者 GeometryCollection。其中，点、线、面、点集合、线集合、面集合类型的对象的 coordinates 成员存储了该对象的几何结构。对于 GeometryCollection 类型，GeoJSON 对象的 geometries 成员的值为一个数组，数组中包含多个 GeoJSON 几何对象，这为批量加载几何要素提供了便捷的方法。将水电站、水文站、水系、流域控制面等要素通过 Postgis 发布到 GeoServer，将数据格式调整为 GeoJSON，通过 GeoServer 的 WFS 服务获取水电站、水文站、水系、流域控制面等要素的 GeoJSON 对象。Cesium 提供了读取 GeoJSON 数据类型的接口（GeoJSON Data Source），读取的数据存储在 GeoJSON Data Source 对象中，每个GeoJSON Data Source 对象都是由若干个 Entity 成员构成的，每个

Entity 成员就代表着一个要素,水电站、水文站、水系、流域控制面等要素都以 Entity 的形式加载到三维流域水资源管理模拟仿真平台上。

4.三维模型格式转换与加载

三维流域水资源管理虚拟仿真平台的三维模型主要是流域枢纽的三维建模数据加载。流域枢纽三维原始模型的来源有多种途径,包括软件建模、仪器建模、图像建模、倾斜摄影等。GLTF 是一种免版税的规范,用于应用程序高效传输和加载三维场景和模型。GLTF 最大限度地降低了三维存储空间的大小,以及解压和使用这些数据所需的运行处理时间。GLTF 为三维数据存储和服务定义了一种可扩展的通用发布格式,该格式简化了构建数据结构的工作,并支持跨行业的操作使用。GLTF 是对三维格式的汇总,综合各种数据格式的优点,构建最优的数据结构,以提高其兼容性以及扩展性。GLTF 格式文件可通过多种途径转换而来,常用的转换插件包括 3DS Max Exporter、Maya Exporter、Blender Gltf 2.0 Exporter 等。将常用的 3DS 三维模型转换为 GLTF 格式的步骤如下:

(1)将 3DS 格式的三维模型转换为 OBJ 格式。这一步需要借助 3DS Max 内置的格式转换功能,单击 3DS Max 左上角的图标,再单击导出选项,导出格式选择 OBJ 格式,将材质导出到默认路径,纹理和贴图保存为.png 格式。

(2)将 OBJ 格式的数据转换为 Open Collada 类型的 DAE 格式的数据。此步骤需要安装 Open Collada 插件,导出结果里会有一个 Images 文件夹,用于存放纹理贴图。

(3) DAE 格式转成 GLTF 格式。此步骤需要转换工具 Collada To GLTF. exe,在 Windows 下进入命令行,并进入 Collada To GLTF.exe 所在的文件下,输入下面的命令进行转换:"-fDAE模型路径-e"。

将转换得到的 GLTF 模型(包括 images 文件夹、DAE 格式的数据)整个复制到自己需要的路径,调用 Cesium.Model.fromGLTF()接口加载即可完成三维模型的加载。

(二)降雨径流精细化预报

1.降雨预报应用

目前,主流的降雨预报主要有 WRF 模式和卫星预报模式两种。

1)WRF 模式

WRF 模式采用高度模块化、并行化和分层设计技术,分为驱动层、中间层和模式层,用户只需要与模式层打交道。在模式层中,动力框架和物理过程都是可调整的,为用户采用各种不同的选择、比较模式性能和进行集合预报提供了极大的便利。采用全新的程序设计,重点考虑从云尺度到天气尺度等重要天气的预报。模式中的各种参数可根据用户需求自行设定。

2)卫星预报模式

气象卫星自上而下观测到地球上的云层覆盖和地表特征的图像。利用卫星云图可以识别不同的天气情况,确定它们的位置,估计其强度和发展趋势,为天气分析和天气预报提供依据。气象卫星由于接收范围广、观测频次稳定、时间精度较高、不受地理条件本身限制,因此可应用于各种地形条件的流域。

如今多数流域的短期降雨径流预报很大程度上受到降雨预报的制约,但降雨时空分布和强度变化极不均匀,定量观测雨量非常困难。为此,对流域开展高精度的短期降雨模拟和预报，可有效提高该地区降雨预报精度，并为流域水文预报提供重要的气象信息。对于临近降雨预报，现行方法多采用雷达和气象卫星数据估算。由于雷达不适用于地形起伏的山区，而气象卫星覆盖范围广，时间精度较高，不受地理条件本身限制，对于各种地形条件的流域均可应用，因此气象卫星云图数据更适合用于临近降雨预报。同时，地球同步卫星（静止卫星）可以连续拍摄云图，有很好的时间连续性和空间分辨率，利用时空分辨率高的卫星遥感资料估算降雨，尤其在没有实测系统的地区是非常重要的。

2.径流预报应用

为了最大限度地发挥流域水库的经济效益，实现流域内水资源统一规划管理、水资源合理配置，需对流域水库进行月、汛期、年等多种时间尺度的径流预报。目前，在研究建设中主要用到的预报模型包括新安江模型、水箱模型和API模型。

1）新安江模型

新安江模型是一个分散性的概念模型，在我国湿润地区、半湿润地区得到了广泛应用。新安江模型的一个重要特点是三分，即分单元、分水源、分阶段。分单元是指把整个流域划分成为许多单元，这样做主要是考虑降雨分布不均匀的影响，其次也便于考虑下垫面条件的不同及其变化；分水源是指将径流分为三种，即地表、壤中和地下，三种水源的汇流速度不同，地表最快、地下最慢；分阶段是指将汇流过程分为坡面汇流阶段和河网汇流阶段，两个阶段的汇流特点不同，在坡地，各种水源汇流速度不同，而在河网中则无此差别。

新安江模型主要由以下四个部分组成：

（1）蒸散发计算。蒸散发分为上层、下层和深层。

（2）产流计算。采用蓄满产流概念。

（3）水源划分。采用自由蓄水水库进行水源划分，水源分为地表、壤中和地下三种径流。

（4）汇流计算。汇流分为坡面、河网汇流两个阶段。按线性水库原理计算河网总入流。河道汇流采用马斯京根分段连续演算法进行计算。

2）水箱模型

水箱模型又叫坦克模型，由日本菅原正巳博士在1961年提出，并不断发展成为一种被各国广泛采用的水文预报模型。水箱模型是串联蓄水式模型，它由垂直安放的几个串联水箱组成。该模型是一种概念性径流模型，由于它能以比较简单的形式来模拟径流形成过程，把由降雨转换为径流的复杂过程简单地归纳为流域的蓄水容量与出流的关系进行模拟，因此它具有很大的适应性。从这点出发，将流域的雨洪过程的各个环节（产流、坡面汇流、河道汇流等），用若干个彼此相联系的水箱进行模拟。以水箱中的蓄水深度为考量，计算流域的产流、汇流以及下渗过程。若流域较小，可以采用若干个相串联的直列式水箱模拟出流和下渗过程。考虑到降雨和产流、汇流的不均匀，因而需要分区计算较大流域，可用若干个串并连组合的水箱，模拟整个流域的雨洪过程。

流域的出流和下渗是含水量的函数，而且出流会随着含水量的增加不断加速，而下渗也会随着含水量的增加而增加，但会有极限值。

水箱模型虽然是一种间接的模拟，模型中并无直接的物理量，但是此模型的弹性很好,对各种大小流域、各种气候与地形条件都可以应用。简单的水箱模型,包括一系列垂直串联的水箱,每个水箱有边孔和底孔。边孔出流代表径流;底孔出流代表下渗,它又是下面水箱的入流。水箱模型中包含三种参数:边孔的高度 h、边孔的出流系数 α、底孔的出流系数 β。

设 P 代表时段雨量,E 代表时段蒸发量,x 代表水箱的蓄水深度,y 代表时段径流量,z 代表时段下渗量,对时段 t 来说,则有

$$y(t)=\alpha[x(t)-h] \tag{5-2}$$

$$z(t)=\beta x(t) \tag{5-3}$$

t 时段内水箱蓄水容量的变化为

$$\Delta x=P(t)-E(t)-y(t)-z(t) \tag{5-4}$$

水箱模型的输入为降雨量,输出为出流。水箱模型以水箱中水深为参数来计算流域内降雨与径流关系及汇流过程,其将流域的降雨径流过程的各个环节(地表径流、壤中流、地下径流、河道汇流等),用若干个彼此相联系的水箱进行模拟。

3)API 模型

API 模型是数十年来长江流域洪水实际作业预报中采用的主要预报模型。降雨径流相关曲线有各种形式,我国普遍使用的是产流量和降雨量与前期影响雨量三者的关系,通常称为 API 模型。API 模型是在成因和统计相关的基础上,用多场洪水的流域平均降雨量和相应产生的径流总量及影响洪水的主要因素(最常用的是前期影响雨量)建立的相关图,即 $P-P_a-R$ 相关图。当场次洪水资料较少时,采用简化的 $P+P_a-R$ 相关图代替 $P-P_a-R$ 相关图,由降雨来推求产流量,然后采用单位线进行流域汇流计算,得到流域出口断面的流量。

使用 $P+P_a-R$ 关系曲线进行净雨量计算,一般是根据降雨初期的 P_a 值,把时段雨量序列变成累积雨量序列,用累积雨量查出累积净雨,由累积净雨转化成时段净雨序列。

P_a 由前期雨量计算,也称前期影响雨量,是反映土壤湿度的参数。其计算公式为

$$P_{a,t}=K(P_{a,t-1}-P_{t-1}) \tag{5-5}$$

根据计算出的流域平均降雨量 P 和对应的净雨 R,以及相应的前期影响雨量 P_a 便可建立降雨径流相关图。显然,P_a 是影响降雨径流关系最主要的因素,因为流域的产流取决于非饱和带的物理特性,而前期影响雨量的物理含义是土壤含水量,它反映了非饱和带土壤的物理性质。

用 $P+P_a-R$ 相关图进行流域降雨径流计算的步骤是:摘录 $P+P_a-R$ 曲线的各点坐标,把 $P+P_a-R$ 曲线坐标和计算开始时的前期影响雨量 P_a,作为模型参数赋值给计算程序中的相应变量,首先根据 $P+P_a-R$ 曲线和时段降雨量逐点计算各个时段的净雨,然后根据时段单位线和时段净雨序列计算出每个时段的径流量。

(三)洪水预报调度一体化

洪水预报调度一体化是智慧水利业务中的一个重要组成部分,也是智慧水利的一个重要研究方向。当前洪水预报调度一体化业务主要是运用分布式水文模型及水动力模型耦合应用,实现网格化、多要素洪水预报,提升洪水预报的能力和水平。重点基于网格化水文单元进行洪水预报,根据实况和调度信息进行双向耦合,结合洪水知识图谱及深度学

习算法等实现精细化滚动预报,并拓展影响预报和风险预警功能。

根据预报模型的数据情况,预报数据处理方式分为有资料和无资料两种。有资料流域是指有雨量、水位和流量观测资料,而且历史观测资料不少于 5 年的流域。有资料流域可采用经验模型、新安江模型、水箱模型、SCS 模型、融雪模型、河道洪水演进模型及分布式洪水预报模型。无资料流域是指水文观测资料不完整,不足以采用常规模型和方法构建预报方案的流域。对于无水文资料的河流,根据当地预报方案编制和实时作业预报实践,开展水文比拟法、推理公式、基于分布式单位线的流域水文模型等模型参数移植规律性分析比较适宜。

预报方案编制主要是按照山洪灾害风险区,提取风险区基本信息,包括风险区面积、周长、形心点高程、出口点高程、形状系数、辖区内河流最长汇流路径长度及比降、河道(河段)长度及比降、河道(河段)出口断面简化形式等。结合预报的目标或对象、预报的时效和精度要求、可利用的历史资料、进行作业预报时能得到的实时资料、预报依据要素向预报目标要素转化的基本物理过程、物理图景或者其间的因果关系、需处理的特殊现象或特殊问题和可以利用的硬件条件等开展方案编制,同时支持方案的检索与维护等功能。

防洪调度是对水库防洪调度工作提供支持。根据实际调度需求设置水库的来水过程,同时可通过系统设置防洪调度时段约束,在系统中选择调度优化目标,为管理人员提供水库防洪调度方案。综合考虑水文预报信息、电网运行需求和水库防洪和综合利用等因素,通过给定各防洪调度时段的控制模式及控制参数,展示详细的调度过程。通过设置不同防洪调度目标,可对水库防洪调度过程进一步进行区分。

调度抢险主要包含防洪形势分析、调度方案优化、调度仿真模拟、抢险技术支持等功能,基于雨情、水情、气象降雨预测、实时工情数据、社会经济等数据,结合二三维可视化、VR/AR、BIM 等技术手段,动态展示水利工程调度过程,辅助防洪形势分析、模拟、仿真调度方案,利用图表结合的形式进行展示,及时对即将或者可能发生的灾害进行提醒,提高洪水调度智能化和科学化水平,多措并举,全力为抗洪抢险提供技术支撑。

系统为模型建立可视化交互界面,规范模型输入数据接口,并构建模型专用数据库表结构。专业管理人员可根据实际需求选择相应模型,通过可视化界面读取降雨数据,最终得到预报结果,并将预报结果存储于数据库中。径流预报计算功能可实现未来径流的预测。水库防洪发电优化调度模块主要包括两大功能。

1.水库防洪优化调度子模块

专业决策人员进入水库防洪发电优化调度模块后,可通过可视化操作界面选择水库防洪优化调度子模块,在满足大坝自身及上下游防洪保护对象防洪标准的前提下,选择流域预报来水过程、时段约束、优化目标,实现以防洪为基础的调度方案制作,并可进行调度结果查看、生成调度决策报告。

2.发电优化调度子模块

专业决策人员进入水库防洪发电优化调度模块后,可根据实际需求选择发电优化调度子模块,通过设置来水过程、时段约束、优化目标,开始计算,在满足各水库设计拟定的多年平均电能的设计指标前提下,生成调度决策方案,并将结果数据存储在此模块的专用数据表中,同时可一键生成调度决策报告。

二、水环境水生态智能应用

(一)江河湖泊长效保护与动态管控应用

作为重要的国土资源,湖泊具有调节河川径流、发展灌溉、提供工业和生活用水、繁衍水生生物、沟通航运、改善区域生态环境及开发矿产等多种功能,在国民经济发展中发挥着重要作用。

然而,随着我国工业化和城镇化进程的不断发展,各种环境问题凸显。中国人民大学环境学院前院长马中曾表示,水污染问题不是自然原因,而是人为原因、社会原因、经济发展共同作用的结果。湖泊也不例外,据了解,当前我国湖泊污染日益严重,湖泊管理与保护面临着严峻挑战。

一是湖区防洪能力依然偏低。特别是受河道淤积、城镇及圩区面积扩大、河湖面积减少等因素影响,防洪减灾的难度进一步增加。二是湖泊萎缩退化形势严峻。在气候变化和人类活动的双重作用下,一些湖泊出现了水位持续下降、集水面积和蓄水量不断减小的现象,有的湖泊甚至干涸。三是湖泊水质恶化趋势尚未遏制。水体富营养化问题严重,一些湖泊出现水华暴发、水体缺氧等现象,不少湖泊水质已沦为Ⅴ类或劣Ⅴ类。四是湖泊生态功能严重退化。一些地区对湖泊资源的不合理开发与利用,破坏了湖泊生态系统平衡,导致湖泊生物多样性锐减,湖区植被衰退,湖周土地沙化,湿地严重萎缩,湖泊生态系统急剧退化,严重威胁着周边地区的生态安全。

1.国际湖泊水环境保护和治理应用

国际环境保护发展经历了“先污染,后治理”到“边污染,边治理”,再到今天的“发展中保护,保护中发展”的艰难历程。国内外无数治水经验和教训从正反两方面告诫人类,治水活动不仅要符合自然规律,而且要适应经济社会的发展规律。任何一个流域或区域,在经济社会发展的不同阶段,治水的目标、要求、投入能力与管理水平也是动态变化的。

湖泊富营养化已成为世界范围内普遍存在的环境问题。从20世纪30年代首次发现富营养化现象至今,全世界已有30%~40%的湖泊和水库受到不同程度富营养化的影响。从20世纪50年代开始,国际上才真正开始关注富营养化,并逐步开展了相关研究。在欧美日等国家和地区,因为经济社会发展快,湖泊富营养化发生得早,其治理成效显著。特别是日本琵琶湖的治理得到了世界公认,成为湖泊富营养化治理的典范;位于美国和加拿大边境的五大湖,1960—1970年出现了严重的富营养化问题,尤其是五大湖之一的伊利湖,经过30年的治理,富营养化问题得到基本解决;位于德国、瑞士和奥地利三国之间的博登湖的保护成为跨国湖泊协调治理的样板;欧盟为协调各成员国高效治理河湖污染,出台了《欧盟水框架指令》,并提出了流域综合治理方法;发展中国家,如菲律宾内湖、巴拉圭伊帕卡拉伊湖、非洲乍得湖等湖泊富营养化正处于关键治理期。

各国治理湖泊富营养化的经验和方法各有不同。如日本治理琵琶湖的经验主要表现在组织机构、管理体系、严格的标准及法规与全民参与的综合治理等方面;芬兰湖泊治理的经验是政府对水资源保护和水污染治理的力度较大,配套的法律法规和相关的技术措施到位,污水处理技术先进,环境管理责任主体明确,且具有严格的奖惩制度,采取对湖区进行产业集群与合理的资源开发有机结合的模式,十分重视解决面源污染对湖泊区域的影响。

总体而言,国际湖泊富营养化治理的经验主要有如下几方面:

(1)坚持生态优先。基于生态优先的治理思路表现为对水生态环境特征的尊重与重视,在富营养化治理中占有突出位置。日本琵琶湖起初曾采取综合开发政策,导致湖泊富营养化失控,生物多样性锐减,自然和生态景观遭到破坏,之后尽管投入巨资来改善其水质,但未见成效。直到20世纪90年代,地方政府对综合开发政策进行反思,开始考虑和实施"综合保护政策",才慢慢取得成效。芬兰对湖泊开发与保护采取对湖区进行产业集群和合理的资源开发有机结合的模式,其开发与保护的关键在于各个产业协调发展。湖区周边造纸厂较多,通过建立森林产权制度,明确森林所有者的责、权、利,并建立相应的奖惩机制,作为林业可持续发展的根本保证。同时,要求林业和纸浆造纸企业以多种形式建设速生、丰产原料林基地,并将制浆、造纸、造林、营林、采伐与销售结合起来,形成良性循环的产业链,从而带动林业和造纸业共同发展,形成林、浆、纸一体化循环发展,而这些发展必须符合环境保护要求,实现"林、纸、环"多赢。

(2)制定分阶段治理目标。富营养化的治理是一个长期过程,因为非生物环境的改变需要数年,而生态环境的恢复则需要更长的时间,不可能在短期内就看到湖泊富营养化的消除,必须制定分阶段目标,进行长期的治理和监控。美国为了治理五大湖,制定和实施了许多土地使用管理措施,如减少耕地、轮作、废料的使用及存储管理、沿湖区新开发项目的延缓或限制、开发带的限定等,其目的是减少土壤侵蚀,防止农业或城区土壤营养物流失。日本琵琶湖治理分为两个阶段,第一阶段为1972—1997年,历时26年;1999年至2020年为第二阶段,出台了"母亲湖21世纪规划",该规划为1999—2020年的22年规划,分两期,第1期为1999—2010年,第2期为2010—2020年,规划的主要目标是水质保护、水源涵养及自然环境与景观保护。

(3)加强多部门协同合作。水资源的管理涉及多部门,所以有必要多部门合作管理湖泊。五大湖及流域管理涉及不同层次多家管理机构,管理机构从上到下分为国际组织、联邦组织和民间组织。美加两国政府之间管理五大湖的部门涉及湖区各级政府、流域管理机构、科研机构、用水户和地方团队,所有机构将作为一个环境保护团体开展工作和进行相互合作。琵琶湖保护治理成功的原因之一就在于有多层次化的组织机构。由于琵琶湖的重要性,日本相关省厅设有专门的琵琶湖管理机构,如日本国土交通省琵琶湖河川事务所、日本环境省国立环境研究所和生物多样性中心等。琵琶湖所在的滋贺县设有滋贺县琵琶湖环境部,琵琶湖、淀川水质保护机构等负责琵琶湖的保护与管理。日本政府将琵琶湖流域分成7个小流域,按流域设立流域研究会,每个研究会选出一位协调人,负责组织居民、生产单位等代表参与综合规划的实施。博登湖流域横跨三国,通过强化多国合作治理,建立跨界综合治理模式。博登湖因为没有明确划定边界,共同合作机制更为重要,也正是因为没有划定边界,所以沿湖各方把整个湖的水体保护作为自己的职责。博登湖管理的三个主要合作机构分别是博登湖国际水体保护委员会、博登湖-莱茵水厂工作联合、博登湖国际大会。通过成立国际湖泊管理机构,共同制定湖泊管理法律,控制重点面源污染,在多国联合治理的努力下,到21世纪初,博登湖的水质基本恢复到污染前水平。

(4)制定并完善相关法律法规。法律手段的强制性相对于政策手段的指导性更易产生直接的富营养化治理效果。世界各国湖泊富营养化治理对法律手段都有充分应用。美、加针对五大湖富营养化治理，早在1972年就签署了五大湖水质协议，同年，美国制定了清洁水法。随着五大湖富营养化治理的推进，对其水质协议进行了多次修改，以适应保护治理的需求。日本琵琶湖所在的滋贺县为了治理和保护琵琶湖，制定了《琵琶湖综合开发特别措施法》《琵琶湖富营养化防治条例》等法律法规。

合适的技术措施是治理湖泊富营养化的重要手段。对于一个富营养化湖泊，治理前首先要评价湖泊富营养化程度，然后根据富营养化成因和程度，因地制宜地选择相应的治理技术。针对五大湖区，已经开展了相关环境问题的学术研究，加强湖区环境监测，并成立了美国大湖环境研究实验室，研究提出恢复和维持五大湖生态平衡、限定磷排放总量的治理策略。

入湖营养负荷增加会使水体营养物质浓度急剧增加，导致藻类暴发、溶氧耗尽等富营养化问题。因此，外源消减与控制是治理湖泊富营养化的先决条件。但是，部分湖泊仅治理外源不能从根本上治理富营养化，内源足以延缓甚至阻止湖泊治理效果。因此，还需采取湖内技术以消除内源。美国威斯康星几个湖泊，通过向湖中投加铝盐，形成絮状氢氧化铝，沉入湖底后与磷离子结合形成不溶性沉淀，减少内源磷的释放率，20世纪70年代早期经过处理，10年后水质出现了很大改善。该方法应用于深水湖泊的效果较好。

2.国内湖泊水环境保护和治理应用

我国不同湖区湖泊问题各异，如青藏高原区湖泊类似俄罗斯湖泊，长江流域区湖泊类似日内瓦湖等发达国家的湖泊。发达国家在近百年的发展过程中逐步出现的环境问题，在我国几十年间集中显现。因此，结合我国国情，并对国外湖泊治理保护的经验及启示进行筛选和吸收，可以有效地解决我国的湖泊问题。

(1)健全和完善法律法规体系，为湖泊的保护和治理提供保障。流域管理问题是河湖水环境管理的核心内容之一。根据湖泊流域具体情况制定有针对性的流域水污染防治及管理法规，做到有法可依是发达国家治理湖泊的共同特点。目前，我国已初步形成湖泊管理方面的法律法规体系，但并无湖泊管理的专门性法律，仅有2011年发布的《太湖流域管理条例》的行政法规。《河道管理条例》作为江河湖泊水资源利用和防治水害的法规，在包括湖泊、人工水道等在内的河道管理中起到举足轻重的作用，却鲜有针对湖泊生态系统保护的相关规定，难以满足国家层面湖泊保护立法需求。因此，从流域层面考虑并制定湖泊保护法律法规尤为重要，《太湖流域管理条例》为从流域出发保护湖泊水资源提供了示范，我国地方层面的立法多集中于长江中下游地区，而广大北方地区湖泊保护立法工作尚需推进。作为我国湖泊管理依据的相关立法，可采用“全国性专门湖泊法规”“湖泊流域立法”与“一湖一策”相结合的模式。

(2)建立统一的流域管理体制，探索建立各机构间的协调机制。以流域为单元的湖泊及流域一体化综合管理模式是实现湖泊保护的必然选择。流域单元统一管理是《欧盟水框架指令》的一个重要制度，强调了立法目标、管理机制和欧盟内跨成员国和跨行政区的协调合作。目前，我国湖泊保护治理模式大多只是针对水体本身采取相应措施，较少考虑污染物入湖前的过程，效果不甚显著。我国湖泊归属于水利、渔业、交通、环保、市政和林业等十多个部门，各部门之间权责关系不明晰，各自为政，缺乏沟通和协调。湖泊多头管理、职能分散、相关机构协调不力等问题严重制约着湖泊的有效管理。需要把山水林田湖草沙作为一个生命共同体,由一个部门负责领土范围内所有国土空间用途管制,对山水林田湖草沙进行统一保护与修复。按照生态系统完整性要求,建立职能有机统一、运行高效的生态环境保护的大部门体制。

(3)做好平台服务,促进经济、社会和科技领域政策与水领域政策相结合。根据《欧盟水框架指令》,我国应把经济政策、社会政策、科技政策与湖泊政策相结合,为湖泊治理提供良好的社会环境、经济基础和技术支撑,全方位推动湖泊治理。在经济政策方面,应借鉴欧盟经验对湖泊供水与水处理服务进行经济分析,既要考虑供水和水处理服务成本,又要考虑因环境破坏带来的环境与资源成本。我国湖泊管理除应遵循传统的污染者付费原则和税费政策外,还需考虑采取包括提高水价、水权交易、鼓励私人投资等措施。在社会政策方面,一方面,应培养和吸引众多科技、教育和商业管理人才,增强湖泊地区人才优势;另一方面,改造湖泊地区基础设施,如污水处理厂更新、交通系统完善等。在科技政策方面,应充分利用现有教育和科研能力,通过资金、人员、政策支持,加快与湖泊相关系统管理学等领域研究,为湖泊流域治理提供支撑。

(4)划定湖泊保护红线,建立水质、水量和水生态系统一体化管理体系。就湖泊管理内容而言,我国多强调污染控制,忽视对水量和湖泊水生态系统的综合管理。而欧美水域规划战略目标早已发生了战略性转变,已不再局限于污染控制。《欧盟水框架指令》对于河流状况的评估体系包括生物质量、水文情势、物理化学指标三大类。河流湖泊环境保护战略目标,不仅包括污染控制和水质保护,还包括水文条件恢复、河流地貌多样性恢复、栖息地保护及生物群落多样性恢复等。博登湖分别采用了保护生态系统的三大管理措施,即严格控制湖泊及周边开发建设,保护湖泊湖滨带,实行河湖同治。在我国最严格水资源管理制度中,关键工作之一便是建立水功能区限制纳污红线,但除纳污红线外,保护湖泊还需划定水位红线与湿地红线等湖泊保护红线。因此,要树立水量、水质和水生态系统全方位的综合管理理念,加强湖泊水质监测与评价,将水生生物监测与评价纳入日常水环境监测。在湖泊生态修复实施过程中,保持自然生态特征是湖泊治理的重要基础。借鉴欧盟区分一般污染物和重点污染物的做法,分别采取不同程度的排放控制措施,且还要确定对各类污染物采取控制行动的优先顺序,逐步建立水质、水量和水生态系统一体化管理体系。

(5)加强源头控制、过程截污,加快构建湖泊环境保护和污染治理工程系统。各国治污实践,特别是湖泊富营养化治理案例充分表明,从源头上控制污染源非常重要。加强污染物源头治理,减少污染废水排放是富营养化治理最根本和有效的措施之一。通过严格的污水排放管理来减轻水污染是德国一直以来水污染治理的主要手段,同时,又严格控制工业废水的排放,具体措施包括:一方面实行行政审批与许可制度;另一方面在审批时要求相应设施与程序适用最先进的技术来避免水污染。加强源头控制、过程截污,加快构建湖泊环境保护和污染治理工程系统是解决我国湖泊富营养化问题的关键一环。

(二)土壤侵蚀定量监测和人为水土流失精准监管应用

土壤侵蚀被认为是当今全球土壤退化的主要形式之一,也是我国面临的主要环境问题之一。它不仅破坏土地资源,引起土地生产力下降,而且造成泥沙淤积于河湖塘库中,加剧流域洪涝和干旱等灾害的发生，严重地威胁着人类的生存和发展。

土壤侵蚀监测是指通过野外调查、定位观测和模拟实验，为研究水土流失规律和评价水土保持效益提供科学数据所开展的观察与测验工作。土壤侵蚀监测根据不同的监测对象、不同的监测层次，采用不同的监测方法与技术，可以从地面和空中进行监测。地面监测是在有代表性的区域，建立若干地面监测点，利用各种降雨、径流、泥沙观测仪器和设备，进行单因子或单项措施的观测，获取土壤侵蚀及其治理效益的数据，为土壤侵蚀预报和评估提供必需的各项参数。该法可以提供地面真实测定结果，但数据积累周期长、范围小。水蚀区可以采用坡面径流小区、控制站等方法监测；风蚀区可采用沉降管、定位插钎、高精度摄影等方法监测。

空中监测可通过遥感方法实现，主要应用遥感手段，包括航天、航空、卫星遥感设施获取地面图像信息。遥感图像的信息量丰富，具有多波段性和多时效性，可进行各种加工合成处理和信息提取；可获取大范围的地表植被覆盖、侵蚀类型等信息，具有较强的宏观性和时效性。但该方法对侵蚀过程、泥沙输移等不能监测。

综合运用多种监测技术和方法，可以提高监测精度，完善和改进监测技术手段。同时，建立相应的数据库和信息系统，提高土壤侵蚀预报的准确性，为水土保持规划和防治政策的制定提供依据。

自从进行土壤侵蚀研究以来，土壤侵蚀监测技术不断发展。常规的土壤侵蚀监测方法主要包括调查法、径流小区法、侵蚀针法、水文法、模型估算法和遥感解译法等。常规方法野外工作量大、效率低、周期长，不能适应现代土壤侵蚀监测高时效性、自动化、系统化的发展趋势。随着现代认知水平和技术水平的发展，土壤侵蚀监测技术出现多学科的交叉结合，监测精度也实现由定性到半定量、定量和精确定量的提升。先进的多元数据遥感监测、航拍技术、多孔径雷达技术、光电探测技术等开始融入土壤侵蚀监测领域。

用于土壤侵蚀监测的技术方法包括以下10种：

(1)核素示踪。随着核素分析技术的发展，核素示踪成为土壤侵蚀监测的一种新方法。核素示踪在不改变原地貌、不需要固定的野外观测设施的条件下对土壤侵蚀进行定量表达，具有成本小、劳动强度低、分析和量化精度高等特点。

(2)沉积泥沙反演。湖泊或塘库沉积泥沙是流域侵蚀土壤的汇集，记录流域近期环境变化。沉积泥沙反演法利用保存在湖泊或塘库泥沙沉积序列中的各种信息来重构流域土壤侵蚀和沉积过程。

(3)现代原位监测。随着现代数据采集、无线传输和数据自动分析技术的发展，现代原位监测成为土壤侵蚀监测发展的新方向。不同于径流小区、侵蚀针等传统原位监测技术，以土壤侵蚀自动监测系统为代表的现代原位监测满足了监测数据时效性和完整性的要求，适应系统化、自动化需求，构成基于光电探测、无线数据传输和远程控制等技术，集气象、水文、土壤、泥沙、水质数据采集、传输、分析、管理、评价和输出为一体的立体监测平台。

(4)现代地形测量。土壤侵蚀和沉积在地形上表现出细微变化，采用现代地形测量技术监测土壤侵蚀和沉积的前提是能够甄别出这种微地形变化，即需要满足精度要求。传统土壤侵蚀调查借助地形图在野外目视判读勾绘侵蚀图斑，只能实现定性或半定量的评价。数字化测量技术的发展解决了传统方法费时费力、精度低的缺点。

（5）三维激光扫描。三维激光扫描仪在不接触被测目标、不对流域坡面产生人为干扰的情况下获取目标若干点数据，进行高精度的三维逆向模拟，重建目标的全景三维数据或模型。其基本原理是：由激光脉冲二极管周期性发射激光脉冲，经旋转棱镜射向目标，电子扫描探测器接收并记录反射回来的激光脉冲，产生接收信号，光学编码器记录整个过程的时间差和激光脉冲角度，微计算机根据距离和角度计算采集点三维信息。目标范围内连续扫描便形成"点云"数据，经后处理软件对"点云"处理后，转换成绝对坐标系中的模型，并以多种格式输出。土壤侵蚀监测对两个时相的目标扫描数据进行配准和叠加处理，分析与计算土壤侵蚀和沉积量。

（6）差分 GPS。全球定位系统（GPS）的实时测量技术采用实时处理两个测站载波相位观测量的差分方法，实时三维定位，精度可达到厘米级。其基本原理是：两台 GPS 接收机分别作为基准站和流动站，并同时保持对 5 颗以上卫星的跟踪。基准站接收机将所有可见卫星观测值通过无线电实时发送给流动站接收机。流动站根据相对定位原理处理本机和来自基准站接收机的卫星观测数据，计算用户站的三维坐标。利用 GPS 获取目标多时相 DEM，并将其配准到同一坐标系，对比获取目标的土壤侵蚀量或沉积量。

（7）数字摄影测量。摄影测量技术发展到当代，经历了模拟摄影测量、解析摄影测量和数字摄影测量三个发展阶段。特别是数字摄影测量的出现，融合了摄影测量和数字影像的基本原理，应用计算机技术、数字影像处理、影像匹配、模式识别等技术，将摄取对象以数字方式表达。GPS 辅助动态精密定位，实现空中自动三角测量，提高摄影测量的效率和精度，即利用安装在飞行器上和设在地面多个基准站的 GPS 获取航摄仪曝光时刻摄影站的三维坐标，将其视为附加摄影测量观测值引入摄影测量区域网平差中，以空中控制代替地面控制来进行区域网平差。

（8）差分雷达干涉测量。合成孔径雷达（SAR）以飞机或者卫星为搭载平台，通过接收能动微波传感器发射微波被地面反射的信息来判断地表的起伏和特征。SAR 同时还记录反射电磁波的相位信息。合成孔径雷达干涉测量技术（InSAR）是将 SAR 单视复数（SLC）影像中的相位信息提取出来，进行相位干涉处理得到目标点的三维信息。

（9）低空无人飞行器遥感系统。低空无人飞行器遥感是随计算机、GPS 和飞行控制技术发展而兴起的一种遥感测量系统，集飞行器控制技术、遥感传感技术、通信技术、GPS 差分定位技术于一体，以无人飞行器为飞行平台，以高分辨率数字遥感设备为机载传感器，获取低空高分辨率遥感数据。性能稳定、质量轻的无人驾驶飞行平台是该系统的基本硬件设施。遥感传感器和控制系统用于获取遥感影像，是系统的重要组成部分。

（10）光电侵蚀针系统。光电侵蚀针是在一个透明的聚丙烯管中依次排列的一组光电池感应可见光，入射激光发出的光生载流子在外加偏压下进入外电路后，将光信号转变为电信号，形成可测光电流，根据探针传感器产生的电压与探针暴露长度正比例关系推算侵蚀深度。光电侵蚀针可自动监测土壤侵蚀和沉积过程，连续记录地貌变化。

土壤侵蚀监测技术众多，不同的方法有其适用的时空尺度和前提。实践证明，三维激光扫描、差分 GPS、核素示踪、沉积泥沙反演、自动测量系统等一批新方法和新技术适应土壤侵蚀监测的理论发展和实际需要，具有巨大的潜力，是今后土壤侵蚀监测研究的方向。

现今,我国水土保持监测的技术在不断提高,监测成果不断积累,有力地支持了国家水土保持生态建设。随着土壤监测技术的不断发展和广泛应用,实现水土流失动态监测所需要的技术已经不成问题,关键在于如何建立一个适合本地区实际情况的动态监测模型。

党的十九大报告指出,坚持人与自然和谐共生,必须树立和践行绿水青山就是金山银山的理念。这一要求吹响了新时代生态文明建设的号角,也为新时期水土保持工作指明了方向。水土保持监督管理是有效遏制人为水土流失、保护生态环境的重要行政手段。

三、水利信息化资源整合智能应用

为落实水利部党组“水利工程补短板、水利行业强监管”水利改革发展总基调,强化水资源监管,规范监督检查行为,2019年12月,水利部印发了《水资源管理监督检查办法(试行)》。以水资源管理法律、法规、规章等规定为依据,紧紧围绕“合理分水,管住用水”各个环节,实施全过程监管,着重强化对监管部门依法履行水资源管理职责的监督。

水利信息化资源整合是指在一定范围内对水利信息化基础设施、信息资源、业务应用、支撑保障条件等进行统筹规划,科学合理地配置与整合,促进资源的共用与共享,充分发挥资源的作用与效能,促进水利信息化可持续发展。

水利信息化资源整合共享应从水利信息化发展总体布局出发,以创新为动力,以需求为导向,以整合为手段,以应用为核心,通过信息技术的深入应用,实现水利信息化资源共享。

(一)主要目标

水利信息化资源整合共享的主要目标是:系统梳理水利信息化资源,整合、优化配置现有资源,在此基础上,通过补充完善,从而构建三级部署(水利部、流域机构、省级)、五级应用(水利部、流域机构、省级、市级、县级),并逐步过渡到集中部署、多级应用的水利信息化综合体系,实现数据共享、业务协同、基础支撑和安全保障。

(二)基本原则

在水利信息化资源整合共享工作中应坚持以下基本原则:

(1)围绕中心,服务大局。主要应解决事关民生水利的防汛抗旱、水资源管理、农村饮水安全、水土保持监测与管理、移民管理,以及支撑上述应用的基础设施和保障措施的整合与共享问题,使之更好地服务于水利中心工作。

(2)加强领导,统筹规划。从水利信息化发展的全局出发,统一规划各类信息化资源,编制资源整合共享顶层设计和实施方案,保障整合共享的技术实现。同时,资源的共享不只是技术方面的问题,更存在着理念、管理和利益问题,因此必须解放思想,加强对整合共享的组织领导。

(3)统一标准,各负其责。网络互联互通、信息共享、业务协同的前提是要统一技术标准,因此各单位开展水利信息化资源整合共享时,应首先遵循国家和水利行业信息化的有关标准,确保整合后的水利信息化资源能够切实共享。同时,各单位也要切实担负起应负的责任,做好本地区和本单位的具体工作,将水利信息化资源整合共享落到实处。

(4)突出重点,有序推进。各单位开展水利信息化资源整合共享时,应根据广大用户特别是社会公众的迫切需求、本单位当前水利信息化的突出矛盾,抓住重点,按照轻重缓急，有序推进水利信息化资源整合共享，实现边整合、边共享，最大限度地发挥水利信息化资源整合效率。

(5)健全机制，明确责任。各单位在开展信息化资源整合共享时，应根据数据资源、业务应用和基础设施等相关工作特点，建立健全部门之间的协作机制，明确各部门在资源整合共享中的责任，切实做好整体工作计划、资源梳理、整合实施和运行维护等各阶段部门责任与机制建设，明确共建、共享各方的责任与义务。

水利信息化资源整合与共享首先应该了解现有水利信息化资源，分析需求并进行规划，在此基础上，研究制定实现资源共享的技术和管理措施，从而保障水利信息化资源整合共享目标的实现。

(三)信息化资源梳理

通过调研现有水利数据、业务应用、基础设施、安全体系等资源，形成资源台账、业务流程名录、基础设施和安全体系现状及部署拓扑图等基础资料，厘清各项业务横向和纵向的信息交换及业务协同关系。在此基础上，分析其需求。

(1)水利数据资源。水利数据资源梳理主要是了解水利系统各单位通过国家防汛抗旱指挥系统、国家水资源监控能力建设、全国水土保持监测网络和管理信息系统、水利电子政务等重大工程，特别是全国水利普查工作建设的地理空间数据、业务数据、元数据等情况，分析水利业务对水利数据的需求。

(2)水利业务应用。近年来，水利系统实施了以国家防汛抗旱指挥系统、国家水资源管理系统为重点的金水工程建设。水利业务应用的梳理是对这些系统采取的技术路线，以及应用支撑平台、应用软件、门户等进行梳理，梳理出可以支撑当前和后续业务的公用软件产品。

(3)基础设施。基础设施主要包括通信网络、机房环境、计算资源和存储资源。通信网络方面主要了解水利政务内网与业务网的覆盖范围、网络带宽、网络设备接入互联网情况，以及水利卫星通信与微波通信网的建设规模、性能等情况，分析近期业务对通信网络资源的需求。机房环境方面主要了解水利系统各单位政务内网机房和业务网机房面积、辅助设施、达到的标准等情况，分析近期需求。计算资源方面主要了解水利政务内网、业务网的服务器及其利用虚拟化技术构建计算资源池的情况，分析后续业务对计算资源的需求。存储资源方面主要了解水利政务内网、业务网的存储能力，分析后续业务对计算资源的需求。

(4)安全体系。安全体系梳理主要是了解水利系统各单位安全管理体系建设情况、安全技术防护设施部署情况；基于当前国家对信息安全的新要求，分析水利信息系统的安全需求。

(5)支撑保障条件。整理现有的标准规范、管理办法，了解人员队伍情况，根据新要求，提出下一步需要修改、补充与完善的，特别是针对资源整合共享的标准规范、管理办法。

(四)数据资源整合共享

依据对现有数据源及数据库建设现状分析，采用面向对象的方法构建面向水利行业的统一数据模型，整合各类数据，构建信息资源目录体系，并根据获取方式、使用频度，建设集中存储的统一基础和业务共享数据库。

在对水利基础和业务共享数据库梳理的基础上，采用水利数据模型驱动的方式建立共享数据库。通过统一的信息资源目录体系，实现各级水利部门之间、各应用系统之间的统一数据交换与共享。

(1)统一水利数据模型。采用面向对象的方法，系统地整理水利业务系统中的各类水利对象，采取统一规则对水利对象进行定义和命名，并以对象的唯一标识为核心，实现对象的空间、业务、关系等属性及元数据的统一关联。统一水利数据模型应在水利普查数据模型的基础上，重点结合需要整合的基础数据，扩展对象类，补充对象关系，并进行数据模型一致性校核与检验，通过模型的有序扩展实现水利数据的系统化完整描述。

(2)统一共享数据库。根据水利数据模型及统一的对象编码和数据字典，各水利业务应用开展相关数据资源整合，将涉及水利业务应用全局的水利对象基础数据，以及水利对象空间和业务关系等数据，统一纳入水利数据中心的基础数据库中，将水利业务应用在其他应用中需要共享的业务数据，通过数据服务的方式，纳入水利数据中心业务共享数据库中。统一共享数据主要是实现共享数据的一数一源，存储在水利数据中心，对于需要从系统中获取共享数据的，应针对不同情况，采取不同方式。对于已建系统，将依托数据抽取技术，将所需数据从原有数据库中提取到共享数据库中，如国家防汛抗旱指挥系统、全国水土保持监测网络与管理信息系统等；对于在建系统，需要修改和完善数据应用设计方案，采用统一调用的方式接入基础数据库中；对于新建系统，需依据水利信息化资源整合共享顶层设计及相关规定进行整合规划和设计，整体接入共享系统。

整合后的数据资源，用户可以通过各级数据中心直接获取公用基础和专题信息；对于涉密或加工处理类专用信息，可以通过目录方式，检索、定位数据资源，然后通过行政或经济手段获取数据。

(五)业务应用整合共享

通过对共用功能的提炼、业务流程对接、显示表达协调等，实现统一用户管理、基础服务、门户集成，为水利信息系统提供功能完善、接口开放、交互友好的平台支撑。

主要对防汛抗旱、水资源管理、水土保持等水利核心业务，以及电子政务等重要事务进行整合，复用工作流中间件、空间引擎服务、数据库访问管理、报表制作、全文检索引擎等基础工具，推进不同系统间的统一用户管理、地图服务、数据交换、门户集成、通用工具，进而提供业务共享服务。

(1)统一用户管理。通过对各应用系统用户管理功能的整合，实现各业务应用用户信息的统一管理，确保用户信息的一致。

(2)统一地图服务。按照国家基础、水利基础、专题应用三类数据，以 WMS、WFS、WCS、WMTS 等标准接口，提供水利"一张图"服务。

(3)统一数据交换。根据业务应用需要，在统一交换平台支撑下，开发相应的适配器，完成业务交换数据发送方的抽取和接收方的入库。

(4)统一门户集成。在政务内网、业务网、移动互联网分别建立统一的门户，实现单点登录、内容聚合和个性化定制等。

(5)统一通用工具。通过对各应用系统使用通用工具的梳理，整合一套支撑各业务应用的通用工具,如地理信息系统、报表工具、工作流引擎、消息中间件等,满足各业务应用的需要。

各级业务应用可以充分利用通用工具服务[如地理信息系统、报表工具、全文检索、工作流引擎、网站内容管理(WCM)、消息中间件、数据抽取转换装载(ETL)、目录等]和通用应用服务(如数据交换、地图服务、用户管理等)来构建。

(六)基础设施整合共享

通过对已有设施的集成、在建工程的共建及薄弱环节的必要补充,实现网络互联互通、机房安全可靠、计算弹性服务、存储按需服务,为水利信息系统提供性能优良、建设集约的基础设施支撑。

(1)统一机房环境。水利系统每个城域网内原则上只设置一个涉密网机房和一个业务网机房,形成水利部、流域机构、省级水利部门三级涉密和业务网机房。水利部其他直属单位、流域机构下属单位、省级以下水利部门不宜再设置涉密机房,仅设置涉密终端。

(2)统一网络。在现有水利政务内网的基础上连通其余有涉密业务需求的水利部直属事业单位,依托国家电子政务内网连通省级水利部门。依托防汛抗旱指挥系统二期工程、国家水资源管理系统、水利财务管理信息系统等完善水利业务网,并根据需要利用国家电子政务外网等资源,逐步实现与水利系统管理的水利工程单位的连通,实现与涉水单位的互联网全覆盖。

(3)统一计算资源。各单位计算资源应统一规划,采用虚拟化、云计算等技术逐步构建统一的计算环境,以便于动态可扩展地满足业务需求,为各业务应用提供服务。对于较早前购置的服务器,由于其性能有限且剩余使用寿命有限,对其进行虚拟化整合得不偿失,因此这些服务器可继续独立使用、自然淘汰,其上承载的应用逐渐迁移到统一计算环境中;对于近几年购买的服务器,可通过补充购置虚拟化软件对其进行虚拟化,使其成为统一计算环境的组成部分;对于新增资源,必须按统一架构进行配置,以扩充统一计算环境的服务能力。

(4)统一存储资源。对各单位独立的存储系统进行整合,构建统一的存储体系。整合方法是购置存储虚拟化设备或利用具有存储虚拟化功能的存储设备将独立存储系统(需能兼容)纳入统一管理,形成一个统一的存储资源池。使用者可以根据需求对存储池进行灵活分配。对于不能兼容或容量较小的存储设备,可以合理调配,为一些相对独立的应用提供存储服务,直至自然淘汰。

通过基础设施整合将提供满足业务需要的统一的水利政务内网、业务网,形成水利部、流域机构、省级水利部门三级安全规范的机房环境、计算资源的弹性服务及按需分配的存储服务。

(七)安全体系整合共享

通过梳理各信息系统的安全需求,制定水利信息安全策略(包括安全目标、原则、要求等),根据安全策略,完善安全管理和技术防护体系,保障信息系统安全。

(1)统一安全策略。水利部基于国家对信息安全的要求及水利行业的特点制定水利网络与信息安全总体策略,提出总体安全目标、原则、要求;各流域机构、省级水利部门根据总体策略及各自实际,细化总体策略,制定本流域、本省网络与信息安全策略。

（2）统一安全管理。各单位加强网络与信息组织建设，建立统一的网络与信息安全领导协调机构和工作机构，落实安全责任，建立一支高水平的网络与信息安全管理和技术队伍。同时，按照国家相关信息安全政策法规，依据水利信息化发展的实际情况和需求，建立相对完善的网络与信息安全管理制度体系。通过安全组织和制度体系的建设，形成高效的网络与信息安全建设管理、运行监控、应急响应和监督检查等机制。

（3）统一安全防护。在统一安全策略下，依托各单位业务网等级和政务内网分级保护等改造项目，充分利用已建和统筹考虑已立项配置的安全防护设施，同时补充一些必要的安全防护设施，从物理、网络、主机、应用和数据等安全方面构建统一的安全技术防护框架，实现在同一节点下，共用一套安全防护措施，为信息系统提供统一的安全预警、保护、恢复和评估等功能。

第六章　智慧水利的全面创新智能应用

第一节　洪水防御与干旱防御应用

一、洪水防御

(一)业务范围

洪水防御业务主要包括洪水监测、预测预报、调度抢险、公共服务等。洪水监测的要点是确保防汛关键期测得到、测得准、报得出、报得快,重点是有防洪任务的中小河流和中小水库雨水情监测、堰塞湖等应急水文监测;预测预报的要点是确保关键洪水预测预报(重点防洪区域、重点预报断面,超警超保以上量级的洪水预测预报)精准、可靠、及时,重点是服务于水库调度、蓄滞洪区运用的防洪调度预测预报,服务于风险预警的中小河流和中小水库预警预报;调度抢险的要点是确保水工程自身安全,保证流域上下游、左右岸的防洪安全,重点是流域、区域水工程联合科学调度;公共服务的要点是信息有用、及时、易懂,重点是洪水防御的预警信息发布、减灾避险的科普宣教。关于洪水业务的智能应用有很多,在这里介绍洪水预报及防洪调度应用。

(二)洪水预报及防洪调度应用

1.建设目的

(1)洪水预报的目的就是预测短、中、长期河道洪水的发生与变化趋势。它是防汛抢险、防洪应用和调度运用的决策依据,为水资源的合理利用和保护、水利工程的建设和管理运用及工农业的安全生产服务,为沿江企事业单位的正常生产生活、居民的生命财产安全提供水情保障,突发大洪水时及时撤离,可避免许多不必要的损失。

(2)防洪应用由堤防、分洪工程、水库等联合组成。在防洪调度时,要充分发挥各项工程的优势,有计划地统一控制调节洪水。这种调度十分复杂,基本调度原则是:当洪水发生时,首先充分发挥堤防的作用,尽量利用河道的过水能力宣泄洪水;当洪水将超过安全泄量时,再运用水库或分洪区蓄洪;对于同时存在水库及分洪区的防洪应用,考虑到水库蓄洪损失一般比分洪区小,而且运用灵活、容易掌握,宜先使用水库调蓄洪水。如运用水库后仍不够控制洪水,再启用分洪工程。具体运用时,要根据防洪应用及河流洪水特点,以洪灾总损失最小为原则,确定运用方式及程序。

2.应用介绍

洪水预报及防洪调度应用充分利用当前的地理信息应用和计算机网络通信、人工智能、大数据等新方法和技术,根据实时雨、水、工情信息,进行洪水预报和防洪调度,制订防洪调度方案,在防洪调度方案的基础上,以人机交互方式生成实时调度方案,进行调度方案仿真和仿真模拟结果的三维可视化显示,进行多方案比较,为防洪调度相关人员提供操作方便、方法实用和精度合理的实时调度决策支持平台。根据应用需求分析,应用的总体功能应包括基础数据管理、洪水预报和防洪调度三部分,洪水预报及防洪调度应用功能结构框架设计见图 6-1。

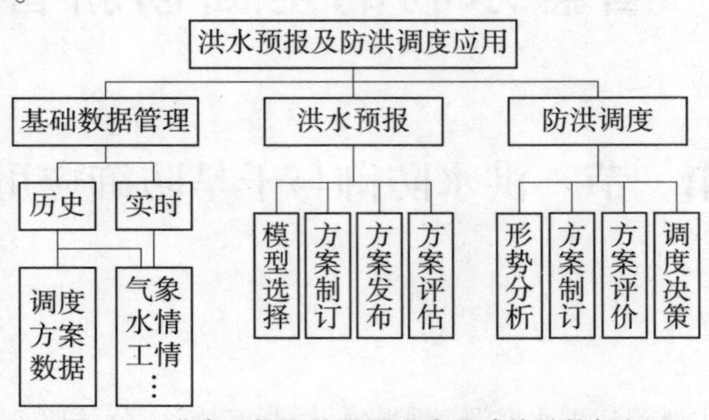

图 6-1　洪水预报及防洪调度应用功能结构框架

1) 基础数据管理部分

基础数据管理模块主要实现对流域历史和实时数据的采集与管理。该功能模块可从流域水情测报应用数据库及相关数据库中提取洪水预报和防洪调度所需的流域气象、水情、工情等数据,为洪水预报方案制订、防洪形势进行分析、防洪调度方案制订等提供数据基础,且对已完成的预报和调度方案数据进行管理。

2) 洪水预报部分

洪水预报作业是通过分析流域洪水特点及河床变形规律,采用水文学、水力学等相结合的方法,建立符合流域工程实际的数学预报模型和洪水预报方案,以流域实时雨情、水情、工情等各类信息为输入,驱动预报模型和方法,对流域关键断面的洪峰水位(流量)、洪量、峰现时间、洪水过程等洪水要素进行实时预报,并对危险区域进行预警。进行洪水预报作业时先根据历史洪水数据,选择预报模型并对参数进行优化和率定;根据率定好的预报模型参数和流域水雨情信息,给出未来一定时期内流域各预测断面的洪水流量过程和水位过程,操作人员也可根据经验在人机交互界面对预报方案进行修改;根据洪水预报结果,生成符合洪水预报方案格式要求的报表,提交至流域防汛管理部门及相关水利工程运行管理单位。在洪水之后,将各预报模型制订的洪水预报方案与实测洪水数据进行对比分析,对洪水预报方案的及时性和准确性进行评定,以提高洪水预报成果的精度。

3) 防洪调度部分

防洪调度是运用防洪工程或防洪应用的各项工程措施及非工程措施,对汛期发生的洪水有计划地进行控制调节。进行洪水调度作业时,首先对防洪形势进行分析,将流域实时信息与历史水情信息进行对比和匹配,生成三维可视化场景展示,给出流域水雨工情分析,显示水雨工情详细信息和洪水形势分析;根据防洪形势分析结果和各工程的泄流特性,设置调度时间、来水条件、边界条件、调度规则及调度方式,对仿真洪水或实时预报洪水进行调度预演,生成相应的三维可视化场景;对各种调度方案进行仿真模拟,三维可视化场景图中模拟调度方案实施后水库水位与出流变化过程、河道主要控制站的水位与流量过程等,并对各种调度方案进行可行性分析和风险评估,最后对防洪调度方案集进行排序，进而制定防洪调度决策。

3.创新技术

（1）三维可视化场景展示技术。集水下地形模型、倾斜实景模型、三维地形模型、数值计算模型、BIM 模型等于一体，构建一体化三维场景，解决了多源异构数据的无缝融合和可视化展示。

（2）历史水文大数据挖掘技术。通过大数据分析，充分挖掘历史水文数据价值。

（3）高精度洪水预报模型。解决常规洪水预报预见期偏短和精度有限的问题，采用人工智能方法与人类经验相结合，提高预报精度。

（4）各地差异化预报技术。集成并优化数值模型和经验修正两种传统预报方式，构建各地差异化预报体系，提升预报精度。

（5）云计算技术。利用政务云计算资源、大数据分析平台，高效解决数据层、模型层和应用层大规模计算问题，提高洪水预报、洪水调度等模型的计算速度和稳定性。

二、干旱防御

（一）业务范围

干旱防御业务主要包括旱情信息采集、综合分析评估、旱情预测与调度及公共服务等。旱情信息采集的要点是代表性、及时性、可靠性，重点是基于空地监测（土壤含水量、江河来水、水源地蓄水、农情等）数据同化的旱情综合监测；综合分析评估的要点是实时掌握哪里旱、旱多重、旱多久、旱多少等情况，重点是旱情指标筛选与校核；旱情预测与调度的要点是趋势性科学研判，重点是中长期降水预测、水源地来水径流预测、需水分析和水量调度等；公共服务的要点是向社会公众及时准确地发布旱情预警。关于干旱防御业务的智能应用有很多，在这里介绍旱情综合监测评估应用。

（二）旱情综合监测评估应用

1.建设目的

在所有的自然灾害中，受干旱影响的人口最多。干旱既带来经济损失，又影响社会稳定，同时也加剧了环境恶化和环境污染，干旱条件下的地区过度开发会加剧沙漠化的进程。因此，对干旱进行预警后可以启动抗旱措施，并适时进行水量调配或人工增雨作业，实现防灾减灾，从而促进国民经济和社会可持续发展。

2.应用介绍

旱情综合监测评估应用充分利用气象、水文、墒情、遥感等数据，使用人工智能、大数据、多源数据融合技术，提出了面向农业、林地、草地、生态、人畜饮水困难的旱情综合监测评估方法，研发了旱情监测预警综合平台软件，能够进行实时旱情监测、分析及研判，绘制旱情综合监测评估“一张图”并为防旱抗旱工作决策提供技术支撑，能够反映哪里旱、有多旱、旱多久等问题，无须管理和技术人员再人为研判旱情。根据应用需求分析，应用的总体功能应包括基础数据管理、数据处理与融合和旱情评估、抗旱水量调度部分，旱情综合监测评估应用逻辑结构框架见图 6-2。

1）基础数据管理部分

基础数据管理主要实现与旱情相关的历史和实时数据的采集与管理。该功能可从相

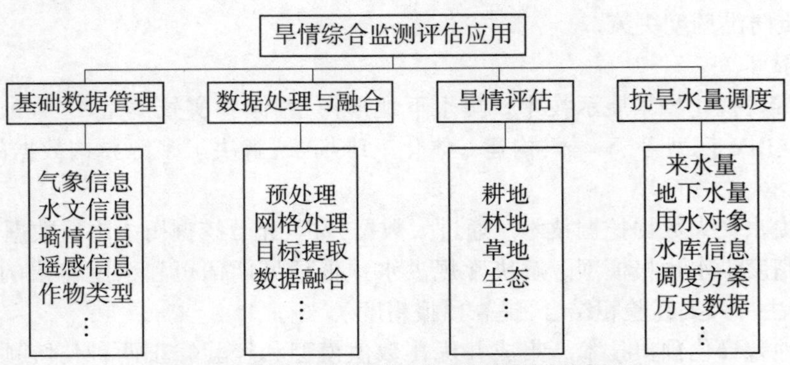

图 6-2　旱情综合监测评估应用逻辑结构框架

关部门数据库中提取旱情监测所需的气象、水文、墒情、遥感、土地类型、作物类型、地理信息等数据，为旱情评估提供数据基础，且对已完成的旱情综合评估数据进行管理。

2）数据处理与融合部分

在数据处理中，为进一步消除由于几何纠正和云带来的干扰，采用标准格网和数据合成的方法。数据处理流程包括了对数据进行预处理、将各类数据做标准格网处理、各类关注目标提取、植被含水量反演等步骤。使用多源数据融合技术对多种格式数据进行融合，为旱情综合评估提供输入数据。

3）旱情评估部分

在旱情评估中，以网格为单位，采用多项指标，实现对耕地、林地、草地、生态等不同对象的旱情监测评估，同时考虑各地区的易旱阶段、不同作物对干旱的响应程度、灌溉对干旱的减轻作用等因素，采取自适应的旱情监测评估模型或方法。之后，借助于基础地理数据，进行时空分析，形成旱情空间分布结果，进行实时旱情监测、分析及研判，提供旱情综合监测评估"一张图"。

3.创新技术

（1）采用多源数据融合技术。利用气象、水文、农业、遥感等多源数据，集成土地利用、土壤类型、作物分布、作物生育期、灌溉情况等下垫面信息，进行综合旱情评估。

（2）面向不同对象。构建了面向不同区域、不同对象（农、林、草、生态）、不同时期（季节、生育阶段）、不同耕作管理（灌溉、非灌溉）的旱情监测评估模型。

（3）完整技术体系。研发了一套规范化旱情综合监测评估技术体系，实现数据融合、分析评估、应用展示的全过程。从 4 大类 50 余个指标中遴选出针对百余种不同下垫面条件的干旱指标集，并逐一构建旱情评估规则，实现灌溉农业、非灌溉农业、林地、草地、生态湿地等的旱情综合评估。

（4）抗旱水量调度部分。在对抗旱水源分布情况及可调度水量等信息进行分析的基础上，采用先进的模型技术建立抗旱水量调度模拟模型，进行水量调度和分配模拟分析，为抗旱方案制订、实施和水量调配提供依据，根据供水对象不同的优先级进行水量分配，做好公众服务，保障国民经济发展及城乡人民生产、生活的稳定。

第二节　水利工程的建设与安全运行

一、水利工程建设

（一）业务范围

水利工程建设业务主要包括项目建设管理、市场监管等。项目建设管理的重点是强化监管手段，提升水利工程建设项目安全、进度、投资、质量及建设市场的监管能力；市场监管的重点是及时、全面掌握水利工程项目基本信息，进一步提高市场监管工作的动态性、精准性和科学性。

（二）水利工程全生命周期智慧化管控平台

1.建设目的

传统施工现场存在诸多难题，如：①劳务用工管理混乱；②大型设备监管困难，安全事故频发；③材料控制缺乏有效手段监控；④结构安全监测困难，安全事故频发；⑤工地污染严重，监测手段落后等。建设水利工程全生命周期智慧化管控平台，能够有效地解决施工工地存在的这些难题。构建成智能监控防范体系，有效弥补了传统方法和技术在监管中的缺陷，实现对人员、机械、材料、环境的全方位实时监控，变被动“监督”为主动“监控”；真正做到事前预警、事中常态检测、事后规范管理，实现更安全、更高效、更精益的工地施工管理。

2.应用介绍

水利工程全生命周期智慧化管控平台基于BIM+GIS、物联网、云计算、无人机、智能感知等前沿科技手段，引领前沿科学技术在水利工程项目管理上的深度融合与应用。水利工程全生命周期智慧化管控平台共包括基于BIM+GIS的工程项目管理、基于BIM的三维可视化技术交底和全景视频监控与智能识别三大部分，该平台框架设计见图6-3。

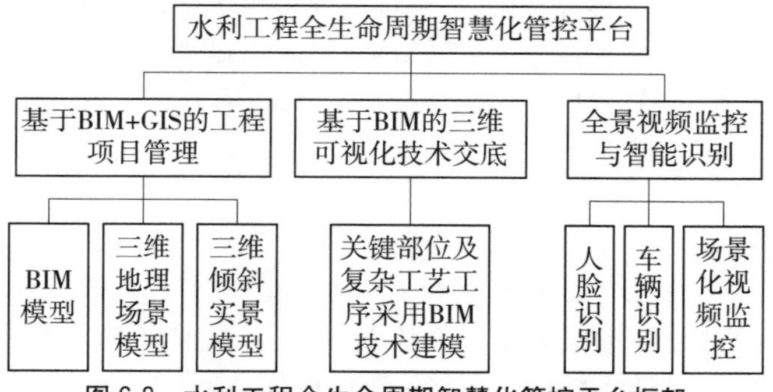

图6-3　水利工程全生命周期智慧化管控平台框架

1）基于BIM+GIS的工程项目管理部分

为保证项目的整体管理水平，提高施工阶段管理效率，发挥地理信息和BIM技术在工程施工管理中的技术优势，开发了水利建设工程BIM+GIS管理系统，该系统集成BIM模型、三维地理场景模型、三维倾斜实景模型等多项技术，能够使项目信息共享、协同合作、成本控制、虚拟情境可视化、数据交付信息化、能源合理利用和能耗分析方面更加便捷,实现项目进度、质量、安全、投资等实时监控和预警,让项目的每个参与者都能够第一时间掌握项目的动态,为项目的顺利实施提供决策支持与保障,提高人力、物料、设备的使用效率。

2)基于BIM的三维可视化技术交底部分

传统的技术交底通常以文字描述或口头讲授为主,尤其对于一些抽象的技术术语,工人容易理解错误,造成返工,影响施工质量和进度。针对关键部位及复杂工艺工序采用BIM技术建模,进行反复模拟找出最优方案,利用三维可视化模拟对工人进行技术交底。

3)全景视频监控与智能识别部分

全景视频监控系统包括人脸识别、车辆识别和场景化视频监控三部分。

(1)人脸识别系统对进出施工场地的人员自动识别记录,将信息化手段融入劳务管理中,为劳务成本核算提供真实可靠的数据分析,既可以避免无关人员进入施工场地,又可以进行考核和安全管理。

(2)车辆识别系统可以对车辆进行自动识别,保存车辆进、出记录,为材料管理、环保管理、弃土运输管理等工作提供有效数据。

(3)场景化视频监控系统采用高清球形摄像头,从高空全景监测,使现场作业、形象进度一目了然。

3.创新技术

(1)利用BIM技术进行施工期模型深化设计、分层分块统计工程量、施工场地布置、施工方案模拟和三维可视化技术交底,提高了施工效率和管理效率。

(2)基于BIM模型和数据库技术,结合施工方案划分模型和添加信息,融合了质量、安全、进度、成本等信息,使用户能便捷地获取某一施工区的各项信息,使进度、质量、成本等信息一目了然。

(3)运用GIS的倾斜摄影实景3D模型的方式计算土方开挖与回填工程量,在直观有效地开展土方的挖运分析与运算基础上,实现土方平衡计算的精确化与精细化。

(4)基于BIM+GIS技术进行施工进度模拟,将施工过程按照时间进展进行可视化模拟,通过动态施工模拟可减少施工冲突,优化施工方案,有效进行进度管控。

二、水利工程安全运行

(一)业务范围

水利工程安全运行业务主要包括水利工程运行管理、督查考核、管理体制改革等。运行管理的重点是工程状况调度运用和安全监测;督查考核的重点是规范工程运行管理和发现安全隐患;管理体制改革的重点是落实管护主体、人员、经费。此处介绍水利工程运行管理平台应用。

(二)水利工程运行管理平台应用

1.建设目的

使用网络信息化的手段来取代传统人工管理方法,转变水利工程日常管理模式,做到视频可控、巡查留痕、工程上图、数据入库,实现水利工程运行全过程管理,提升水利工程专业化、精细化和标准化管理水平，保障水利工程安全、规范、专业运行。

2.应用介绍

水利工程运行管理平台是实现水利工程标准化管理的基础和保障，它可以对水利工程调度运行、工程检查、维修养护等工作进行有效监管。水利工程运行管理平台应用包括综合地图、监测监控、工程检查、维修养护、调度运行、应急管理、台账管理等功能模块，基本涵盖水利工程管理的各个方面，应用功能框架设计见图 6-4。

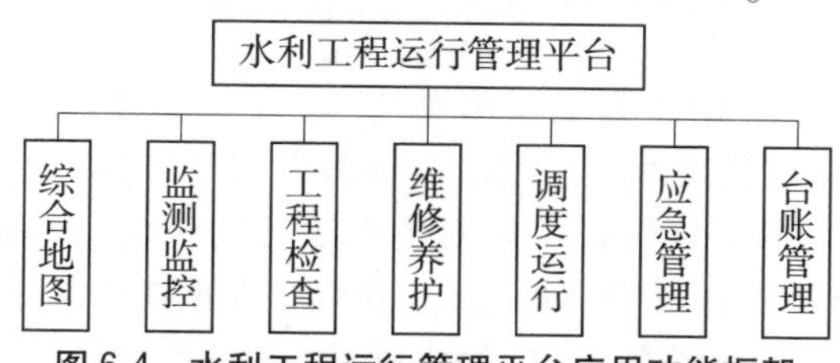

图 6-4　水利工程运行管理平台应用功能框架

1）综合地图

使用 GIS+BIM 技术在地图上叠加各类工程及工程相关监控监测设施的分布，提供详细信息的查询展示，实现工程巡查轨迹的在线回放。

2）监测监控

监测监控模块实现对各类工程的工情、视频、水雨情、安全监测等内容信息的实时数据接入，使用人工智能等新一代科技手段对监控内容进行自动解析，实现查询统计分析。可以根据用户管理的工程类型配置具体的监测内容，例如潮位仅涉及海塘工程。

3）工程检查

工程检查模块实现对各工程的日常巡查、汛前检查、年度检查、特别检查、临时检查等各类安全检查进行管理，对周期性的检查工作系统设置自动提醒功能，同时提供对巡查检查工作的任务下达功能。各工程的各类巡查检查工作在移动巡查管护端进行巡查记录上报，当存在隐患时，系统会根据设置好的隐患处理流程自动逐级上报处理。平台上能够对检查记录进行分类统计，同时提供巡查的轨迹在线查看功能。

4）维修养护

维修养护模块实现对各类工程的日常维修养护、年度维修养护、维修养护计划、维修养护资金（资金筹措、资金落实）的管理。维修养护工作在移动巡查管护端进行维修养护记录的上报。维修养护计划的审批和维修养护资金的筹措落实情况均能在系统上实现管理。

5）调度运行

调度运行模块实现对各类工程的调度运行管理。因各类工程的调度运行事项和处理流程存在差异，系统采用工程类型绑定调度运行事项的方式进行灵活配置。如大中型水库的调度运行包括调度指令下达、操作票下达及执行反馈等流程，操作执行包括首次预警、开闸前检查、下游预警反馈、高配电操作、再次预警、开闸后检查等步骤。各类工程的调度运行均配合移动端进行操作。

6)应急管理

应急管理模块实现各类工程应急预案、历史险情处置情况查询,对防汛物资进行出入库的在线管理。

7)台账管理

台账管理模块实现对各类工程纸质档案借阅、记录等的管理;提供各类工程的工程检查、维修养护和调度运行等各个事项的电子台账统计功能。

3.创新技术

(1)采用地理信息技术、BIM 和虚拟仿真技术,构建水利工程运行管理的三维、二维可视化仿真管理环境,真实展现水工、设施、设备等管理对象的实时变化和三维场景。

(2)使用人工智能等新一代科技手段对各类工程的工情、视频、水雨情、安全监测等内容的关键信息进行自动解译,实现对部分工情和险情的自动预警。

(3)基于移动网络智能化设备,支持手机端数据采集、上传和发布,实现水利工程实时运行信息、统计管理信息、工情和险情预警信息在线显示、查询,工程检查、维修养护以及抢险指挥信息、抢险过程信息在线显示。

第三节 水资源开发利用

一、业务范围

水资源开发利用业务主要包括水文水资源信息采集、水资源开发利用各环节业务协同、水资源开发利用监管、水资源调配决策。水文水资源信息采集的重点是完善;水资源开发利用各环节业务协同的重点是强化;水资源开发利用监管的重点是提高时效性和精细化程度;水资源调配决策的重点是增强科学性和智能化程度。

二、水文在线监测数据智能识别应用

(一)建设目的

充分应用计算机技术、互联网、智能系统等信息技术,改进传统水文数据整编成果的生产模式,解决以往离线模式下整编存在的效率低下、数据不一致、质量难把控、信息难共享、服务时效低等问题,打通水文自动采集、人工测验、数据规整、智能识别、实时整编的在线数据链路,形成一套符合行业测验与整编规范的水文智能在线测验与实时整编方法及软件系统,为全面提升水文数据整编成果的生产效率和服务质量提供保障。

(二)应用介绍

系统将水文监测数据生产及管理分解为数据收集模块、在线监测模块、智能实时识别整编模块、数据应用模块,四大模块协同工作。以数据收集模块为核心,将各个应用中涉及的数据、业务工作流程联通,从而实现各个业务模块之间的数据共享和逻辑联系。水文在线监测数据智能识别应用框架见图 6-5。

1.数据收集模块

该模块通过获取测站基本信息数据、遥测数据、人工观测数据、水雨情数据等,将水文

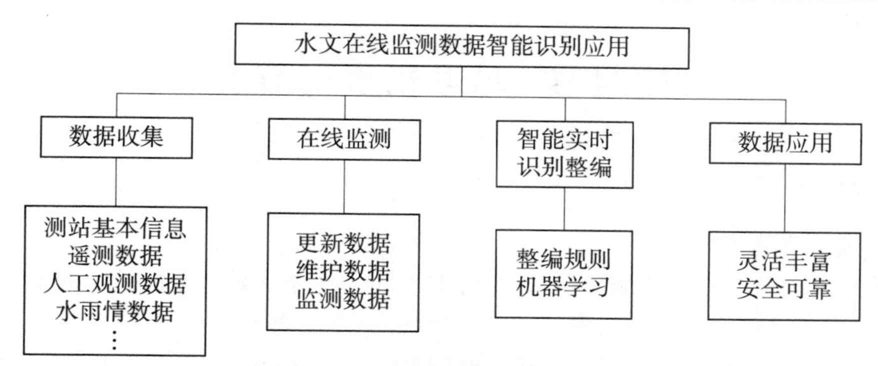

图 6-5　水文在线监测数据智能识别应用框架

对象化组织，建立水文数据间的关联关系及机构人员与各项业务操作间的关系，实现业务工作的统一管理，业务操作直接与数据发生联系，并维持数据在全系统中的一致性和完整性。

2.在线监测模块

水文监测的工作性质和特点决定水文监测数据的采集工作是分散的，因此要实现监测数据集中存储，数据必须实时在线，摆脱空间、时间的约束，对监测数据进行实时更新、维护。

3.智能实时识别整编模块

水文整编业务计算量庞大，流程复杂，各站整编方法难以共通，需要投入极大的人工工作量，构建了整编计算模型库，支持用户灵活配置整编规则，利用机器学习等技术，实现整编数据的智能识别。

4.数据应用模块

各项水利事业、社会公众需要水文数据作为决策依据，针对多变、多样的社会需求，系统提供了灵活丰富、安全可靠的数据应用接口服务，在线支持不同形式的数据应用。

（三）创新技术

（1）异构水文数据组织。为实现异构水文数据的统一管理，以测站为核心，进行水文对象化组织，打通多类水文数据之间的壁垒，建立异构水文数据间的关联关系。

（2）在线监测。利用卫星通信、移动互联网（5G 通信）等技术，实时对监测数据进行更新、维护，实现监测数据集中存储，解决自记数据和人工观测数据的实时通信、计算、入库等问题。

（3）智能实时识别整编。利用机器学习等技术，实现整编数据的智能识别，根据整编规则自动实时完成整编，同时提供灵活丰富的数据审查工具辅助干预，综合效率超越了“日清月结”的水文行业整编要求。

第四节 城乡供水与节水

一、城乡供水

(一)业务范围

城乡供水业务主要包括城镇供水、农村供水和信息公开等。城镇供水的重点是城镇供水安全,突发水源问题处理效率高;农村供水的重点是农村饮水,实现农村饮水安全脱贫攻坚和基本解决饮水型氟超标;信息公开的重点是能有效提高对城乡供水的安全监督。

(二)基于城乡供水业务的集中管控平台

1.建设目的

针对水利管理中普遍存在水利信息化管理相对滞后,各软件业务独立、模型单一,无法实现数据交互的问题,开发基于城乡供水业务的智慧水利集中管控平台,将水利数据互通共享,打破数据壁垒,建立高效的数据通道,有效提升了应急处理的响应时效;将各类业务应用集成至平台统一管理,应用功能模块基本覆盖水利生产、管理、运行的各个环节,大幅提升工作效率;建立标准化的管理流程和规范体系,每项工作都能够做到有据可查、有据可依,从源头上实现企业管理的正规化,工作质量得到有效提升,进而实现水利信息智慧化。通过信息化手段对水生产、水收费、水事管理进行全面监管,能够实现数据共享、数据统一化管理,提高生产管理效率及经济生产效益,避免资源浪费。

2.应用介绍

按照城乡供水控制调度模式,基于城乡供水业务的集中管控平台由供水物联模块、运营管理模块、监控调度模块和智慧服务模块四大部分构成,见图6-6。

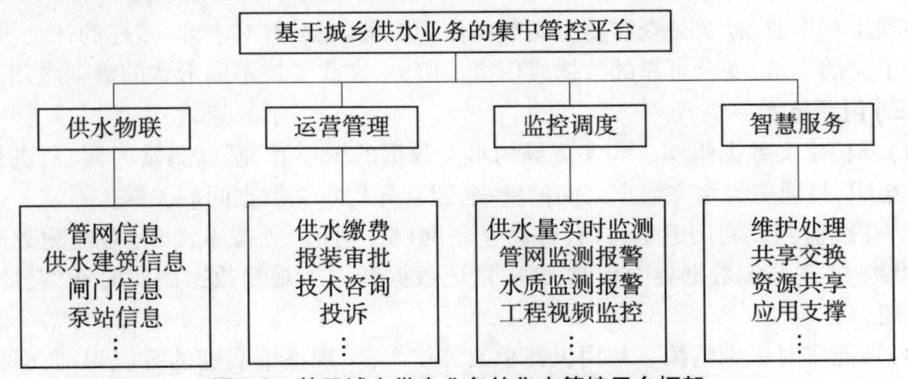

图6-6 基于城乡供水业务的集中管控平台框架

1)供水物联模块

随着物联网时代和供水精细化对实时信息采集的要求日益提高,基于无线接入方式(蓝牙、ZigBee、5G及光纤技术),通过无线射频智能水表、水位采集器、水质传感器、电磁流量计、视频图像等在线传感设备,实时感知获取管网、供水建筑物、闸门泵站等控制设施的运行信息,形成智慧城乡供水物联网,实现供水信息实时采集、智能化识别、定位、监控和管理,更精细和动态管理用水消耗,达到“智慧”状态,提高资源利用效率。

2)运营管理模块

提供供水缴费、报装审批、工程管理、技术咨询、投诉等一系列无接触式、高透明度的供水便民服务,发布供水水质、水量、压力等服务信息,将缴费、报装审批、不良用水记录审查、供水方案审批、查表预立户、施工设计审批、工程审批、立户查表缴费、稽查回访等水利业务集中在一个网络、一个窗口、一个平台实现,进一步对所有业务数据进行多角度、多层次的记录、比较、分析,实现对供水企业资源配置优化和管理决策的支持。

3)监控调度模块

监控调度平台主要配备工作机、大屏幕显示设施,在大屏幕上展现水厂供水量实时监测、管网监测报警、水质监测报警、工程视频监控信息,并利用神经网络技术结合供水运营状态进行供水计划调度、供水决策分析、供水管网管理、供水事故管理,及时做出控制调度决策。为了保障供水工程安全可靠运行,视频监控、应急管理信息在云端部署,本地平台备份存储。

4)智慧服务模块

为降低管理成本,使各业务部门专注智慧水利精细化、智能化目标,专注业务需求设计、业务流程创新、科学决策,建立统一的智慧服务平台,创建全新的服务模式和管理机制,提供统一技术构架的基础设施、数据资源中心、智慧水利服务和智慧水利应用。新技术构架强调专业化服务,提供数据维护处理、共享交换、资源共享、应用支撑服务。统一为各供水企业提供水量、水质、管网、工况监测信息,支撑各供水企业业务特征的业务应用,为水利局、设计部门提供审批、规划、设计业务服务。

3.创新技术

该平台将传统的水利软件进行了全面重构,不仅从软件工程和业务的角度进行了重构,而且通过技术改变了传统水利软件的开发指导思想。

(1)支持高并发的物联网数据平台。通过 Netty 框架的引入,对底层的 PLC 采集器、RTU 等设备协议实现无缝连接,同时高并发承载量无限地扩大了系统的接入性能。

(2)大数据技术。大数据技术对水利行业是颠覆性的扩充,以往水利数据的可分析性不够充足,通过建立数据中心,通过大数据技术将营收数据、生产数据进行分析计算,可以充分了解到各地区的生产用水占比,并且可以高效地计算出每天、每月的漏损率,快速查缺补漏,以防资源浪费,并且对于营收数据的统计计算,可以按县级、市级、片区乃至省级数据分析,从而得出地区水费收缴情况,并且与实际用水户对比,从而确保了数据的准确性,防止误报漏报。

(3)神经网络模型的应用。神经网络模型的应用是真正将水利智慧化的关键,通过生产数据的整理,作为样本数据对神经网络模型训练,在防洪度汛、水质监测、管网监测方面,都存在非常实际的应用价值,一个训练完成的预测模型,能够在一定程度上拟合实际情况发生的概率,通过此概率,管理者便可提前做出相应的处理决策,发挥预测模型的预测作用。

(4)云部署。云部署从实际成本角度解决了各水行政主管部门的成本问题,并且提高了管理的安全性和统一性,是一种集中化管理手段。

二、节水

(一)业务范围

节水信息化管理的重点主要是国家节水行动方案实施、用水总量强度“双控”、计划用水管理、重点用水单位监测、县域节水型社会达标建设、节水政策标准管理、节水推广引导等。国家节水行动方案实施、用水总量强度“双控”主要是节水目标任务的统计、分析和考核;计划用水管理主要是网上办理计划用水管理业务和统计用水单位水量水效数据;重点用水单位监测主要是用水量在线实时监测预警;县域节水型社会达标建设主要是网上办理县域节水型社会达标评审业务和统计县域各行业用水信息;节水政策标准管理主要是节水政策、法规、规划、定额统计查询;节水推广引导主要是节水技术、水效、载体等信息发布和宣传教育。

(二)智能节水灌溉平台

1.建设目的

我国是一个贫水国家,人均淡水资源是全球最贫乏的国家之一,分布极不均衡。20世纪末,全国600多座城市中有400多座存在供水不足的问题,多数城市地下水受到点状和面状的污染,并且有逐年加重的趋势。水污染不仅降低水体的使用功能,更重要的是影响人民群众的健康。在水资源紧缺的状况下,应用节水灌溉技术不仅可以节约大量水资源,并且有利于提高农业的生产质量,促进农业现代化的发展,在农田水利工程中推广和应用节水灌溉技术具有非常重要的意义。

2.应用介绍

我国农业用水量是最大的,利用率却是最低的,这成为制约我国农业可持续发展的一个重要因素。在农业水利灌溉上,农户更多的是凭借个人经验对农作物进行浇水,这种经验是模糊的、不确定的,缺乏理论依据,会造成农作物灌水量过多或过少,使农作物产量减少、水资源浪费。智能节水灌溉平台包括数据收集模块、专家决策模块和远程控制模块,该平台框架见图6-7。

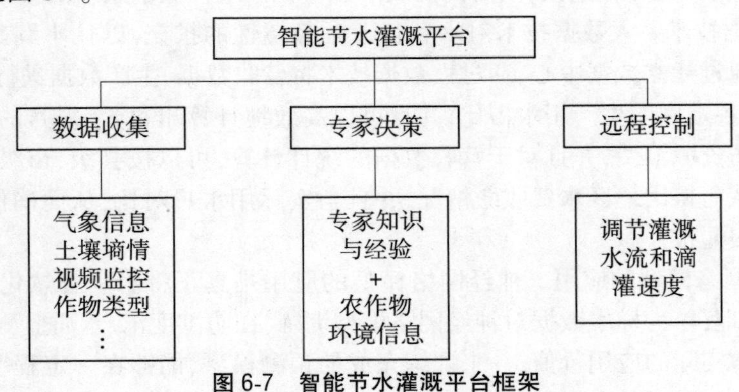

图6-7　智能节水灌溉平台框架

1)数据收集模块

数据收集模块对田间气象监测站、物联网感知系统、远程监控系统发送的信息进行接收并分析处理。田间气象监测站可对空气温度、空气湿度、照度、风向、风速、雨量、光合总辐射、大气压等气象环境要素进行全天候现场精确测量；物联网感知系统可进行分区土壤墒情长时间连续监测，系统采用三合一传感器进行信息监测，可实时测量土壤温度、土壤湿度及土壤电导率信息，无线局域网络将所有数据传输到数据收集模块；远程监控系统可进行全天候连续监控，实时动态观察作物生长状况及设备的运行状况，既对大田、设备起到防盗的作用，又可以通过摄像头获取作物叶片上的病虫害发生情况，无线局域网络将利用相关人工智能算法识别的关键视频数据传输到数据收集模块。

2）专家决策模块

在专家系统中会将收集到的数据用作推理的依据，其中包括用户信息表和农作物环境信息表。专家系统还存在知识库，用来存放农业领域专家的知识和经验，包括作物在不同生长时期的需水量、灌溉量和灌溉周期，综合考虑分析各种环境因素，设置在不同土壤种类下土壤含水量上、下阈值，通过对作物专业理论知识的掌握，建立专家决策模型，对作物进行定时、定量灌溉。

3）远程控制模块

远程控制模块实时将相应的数据通过专家决策模块计算分析处理，并将已经设定好的农作物最佳生长条件传输到网络控制点，控制点接收信号就会调节灌溉水流和滴灌速度。当环境条件未达到农作物的最佳生长条件时，滴灌系统会实行事先利用软件编制的灌溉程序；当灌溉使环境条件达到农作物的最佳生长条件时，滴灌结束，实现自动节水灌溉。

3.创新功能

（1）使用人工智能技术对视频关键内容进行自动解析。视频自动解析的内容包括作物生长状况及设备的运行状况，运行时是否存在跑、冒、滴、漏等现象，既对大田、设备起到检查防盗的作用，又可以通过摄像头获取作物叶片上的病虫害发生情况。

（2）使用专家系统。将农业领域专家的知识和经验作为知识库的规则，根据已获得的信息来匹配知识库中的规则，反复推理实现对问题的求解。结合实际情况采用双向推理方式：正向推理是从一些已知的事实，通过与知识库中的规则进行匹配，证明结论的成立；反向推理和正向推理恰恰是相反的，其是以结论作为依据，从知识库中寻找证据，验证结论的正确性。当规则库中的知识不充分时，就需要使用双向推理。

（3）多种无线通信技术助力远程控制模块。远程控制模块利用 GSM/GPRS/CDMA 网络、5G 网络、Internet 网络技术、ZigBee 无线通信技术实现监测数据、控制指令、系统运行情况等信息的传输，并在发生事故时进行报警。

第五节　江河湖泊的管理

一、业务范围

江河湖泊管理业务主要包括河湖信息采集、全面推行河长制工作、水域岸线管理、河道采砂管理等。河湖信息采集的重点是及时准确获取河湖信息，全面推行河长制工作的重点是督促各地落实河长制任务,水域岸线管理的重点是实施水域岸线空间管控,河道采砂管理的重点是严格对重点河段和敏感水域的采砂监管。

二、智慧河长平台

(一)建设目的

智慧河长平台是服务各级河长、河长办、社会公众三类对象的应用平台,采用自动化、智能化、现代化监测技术及通信技术、软件集成技术等手段,建立河长制长效机制,以“保护水资源、防治水污染、改善水环境、修复水生态、管理保护水域岸线、强化执法监管”为主要任务,建设全面提升河湖健康监控管理能力、面向河长及社会公众提供服务、打造具有特色的河湖管理机制的智慧河长平台,实现河湖综治化、管理精细化、巡查标准化、考核指标化,为维护河湖健康生命、实现河湖功能永续利用提供制度保障。

(二)应用介绍

智慧河长平台运用互联网思维,按照云部署、统一平台、共享服务等理念,打造了集公众服务、河长服务、监督管理等功能于一体的互联网+河长制信息工作平台,使各级河长巡河和社会公众监督治水的智慧管理全覆盖。借助各种即时通信、通知公告和消息推送,打造高效沟通、扁平化管理、协同运作的河长制组织体系,构建掌上治水圈,促进各级河长科学高效履职,积极拓宽社会监督渠道。通过对河长制业务开展需要及服务需求分析,智慧河长平台主要包括数据中心、公众服务、协同办公、监督管理四个功能模块,是直接面向用户的展示平台和数据交互窗口,可根据用户的业务需求提供服务,该平台框架见图 6-8。

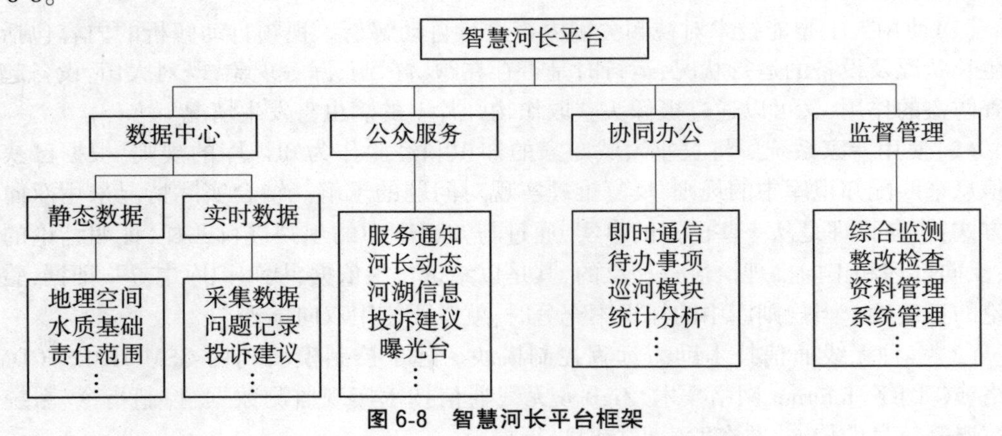

图 6-8 智慧河长平台框架

1.数据中心模块

河长制数据信息主要包括静态数据和动态数据。静态数据包括地理空间、水质基础、河长制责任范围(即依据职责划分的河段数据)等数据,以及“一河一档”和“一河一策”。根据河长制分级、分段管理河道的要求,编制全省河段统一编码规则,完善水系、流域、河长管理关系,补充跨界水质断面基础信息等。按照河长制分级管理原则整理和录入河段信息,基于国土部门提供的“一张图”进行河流矢量标绘,并建设统一的数据库表,将数据整合入库。既保证河长能够精确掌控河流信息,又可以建立公众、河流、河长之间的精准连接。动态数据也是实时数据,包括水质监测实时数据及日常巡河的人工采集数据、问题记录、投诉建议操作数据、投诉问题及巡河问题处理日志数据、巡河问题流转操作日志数据、附近河流消息推送数据等。

2.公众服务模块

公众服务模块宣传全面推行河长制工作最新资讯,向社会公众主动推送附近河湖信息,开通建议投诉渠道,引导社会公众参与监督管理。模块主要功能包括:推送附近河流、服务通知、河长动态、河湖信息、投诉建议、河长反馈、曝光台等。

3.协同办公模块

协同办公模块为全省各级河长、河长办工作人员、职能部门人员提供信息服务与任务处理的移动办公平台,辅助河长制相关人员科学高效履职。模块主要功能包括即时通信、待办事项、巡河模块、统计分析、热点关注、河长手册、河湖信息等。

4.监督管理模块

监督管理模块是为满足河长办工作人员日常办公、信息化建设成果展示、后台管理服务而开发建设的PC端监督管理应用。主要功能包括扫码登录、首页看板、综合监测、协同处理、统计分析、整改检查、资料管理、系统管理等。

(三)创新技术

(1)主动推送附近河流信息,提升问题上报效率。以河流为主线串联起河长制相关信息,采用基于位置的河流推送服务,主动告知附近河流信息,提升问题上报的准确率和有效率。同时利用各地市投诉建议服务统一入口,做到公众上报问题件件有着落、事事有回音。

(2)智能分发派送任务,高效流转闭环办理。河长制业务协同涉及非常多的部门,设计了一套关联方案。将公众投诉、巡河问题、领导交办、检查督导等抽象为事件进行发布,各地市、县河长办和成员单位可将事件及处理过程数据赋予标签,并将事件及处理过程进行流转,将事件自动分派给对应河湖的管辖部门,由其进行任务受理和指派。任务完成后及时将处理情况通过微信通知、公众号、小程序等渠道反馈,并邀请公众进行满意度评价,提高了任务流转效率和社会效应。

(3)一键受理自动预警,提升任务办理效率。规范设计组织架构并及时更新,避免问题错误分派,并对流程进行改造,责任人收到任务提醒后可一键受理,核查详情并呈交办理结果。对于重复、错误上报等情形,填写无效说明并反馈;对于超时限未办理的,自动推送预警通知。

(4)采用消息队列技术,既降低了系统间的耦合,也提升了系统的并发量。智慧河长平台将指派信息发送到消息队列中,各有关对接系统订阅该消息,进入对接系统的内部流程,并将内部重要节点进度反馈到消息队列中,由平台更新该事件的进度。通过河长制业务流程设计,按照属地管理原则,实现问题与任务自动派发,同时借助消息队列技术构建新的数据共享交换模式,改变传统“层级式”模式,构建“扁平化式”的信息传递方式,减少信息流转环节,提高河道问题处理的工作效率。

(5)开放共享,统一标准协同应用。按照“一个平台、一套认证、一路通行”的原则,统一用户体系,统一河湖编码,统一服务门户,平台发布统一的数据接口服务,与其他各级政府和外部系统共享数据。

第六节　水土保持

一、业务范围

水土保持业务主要包括水土保持监测管理、生产建设活动监督管理、水土流失综合治理等。水土保持监测管理的重点是及时准确;生产建设活动监督管理重点是全面覆盖;水土流失综合治理重点是全面有效。

二、智慧水土保持平台

(一)建设目的

水土保持的根本目的是保护环境,维护生态平衡,最终目的是保持经济社会的可持续发展。水土保持是河道治理的根本,是水资源利用和保护的源头与基础,是与水资源管理互为促进、紧密结合的有机整体。智慧型水土保持方案,是促进水土保持科学化、系统化发展的重要举措。智慧水土保持平台是一种集自动化检测、自动化管理和自动化处理于一身的数字管理平台。它的主要目标和服务功能是面向综合决策,以新兴的物联网、云计算、人工智能等技术为支撑。在应用方面,它通过对开发建设项目现场的数据进行收集和分析,实现了对水土保持方案实施效果的实时反馈,为保护项目区自然环境和生态健康提供了有力的支持。

(二)应用介绍

智慧水土保持着力于实现对山地自然灾害风险的智能预防和控制,直接参与相关决策制定,构建智慧化的水土保持发展模式,打破了层级界限,实现水土保持基础数据的高效共享和充分利用。智慧水土保持平台获取各种水土保持监测设备的监测数据,再借助物联网、云计算、大数据挖掘等新技术,对水土保持监测要素实现数据智能识别,对监测数据即时传输和系统存储,对海量数据智能挖掘和模拟仿真,以更加精细、及时、动态、开放的方式实现水土流失预防监督和水土流失综合治理方式的决策。智慧水土保持平台包括数据模块、运算模块和应用模块,见图6-9。

1.数据模块

获取到的数据在数据模块进行系统存储,数据模块为智慧水土保持平台提供即时有效的数据来源,全面支撑智慧水土保持的各项应用。数据模块主要通过水土保持信息化建设,建成水土保持基础数据库、业务数据库和元数据库。

2.运算模块

运算模块是智慧水土保持平台的核心模块,主要运用云计算、大数据挖掘、系统仿真模拟、人工智能的技术手段对收集到的基础数据进行信息加工、海量数据处理业务流程规范、数表模型分析、智能决策预测分析等,主要包括水土保持、数据云计算、水土流失模型模拟、小流域治理智能规划和专家决策系统等,最终使水土保持实现科学化、集约化和智

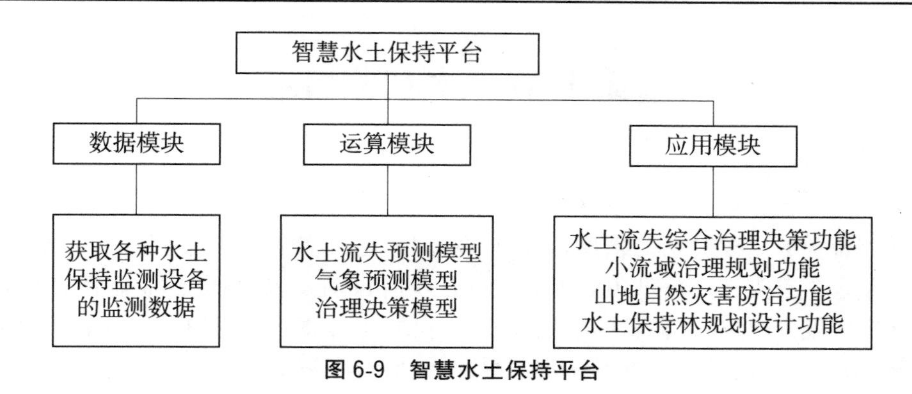

图 6-9　智慧水土保持平台

能化。构建水土流失预测及治理决策模型,集合大量的水土流失预测模型和气象预测模型,结合基础数据库,进行大数据挖掘和模拟,通过人工智能决策和系统虚拟仿真,预测不同条件件下的水土流失强度,对水土流失的防治及山地自然灾害的防控进行智能规划和模拟,最终选出最优方案。

3.应用模块

应用模块是智慧水土保持平台建设与运营的输出,主要进行信息集成共享、资源交换、业务协同等,为智慧水土保持平台的运营发展提供直接的服务,主要服务对象包括水土流失监测网站、数字土壤侵蚀数据网站、水利环境部门网站、智慧水土保持决策平台等,主要建设功能有水土流失综合治理决策功能、小流域治理规划功能、山地自然灾害防治功能、水土保持林规划设计功能等。

(三)创新技术

(1)云计算。云计算是分布式计算、并行计算、效用计算、网络存储、虚拟化负载、均衡热备份、冗余等传统计算机和网络技术发展融合的产物。云计算作为新型计算模式,可以应用到智慧水土保持决策服务方面,通过构建高效可靠智慧水土保持云计算平台,为水土保持综合治理规划智能决策提供计算和存储服务。

(2)大数据分析。大数据分析是指在合理时间内对规模巨大的数据进行分析的过程。大数据可以概括为 4 个“V”,数据量大(volume)、速度快(velocity)、类型多(variety)、真实性(veracity)。随着信息技术在水土保持行业的应用及水土保持管理服务的不断加强,大数据技术在水土保持领域的应用也是不可或缺的。

(3)高速移动互联网技术。高速移动互联网技术主要指 Wi-Fi 网络建设、5G 高速移动互联网建设、光纤高速互联网、IPv6 协议等下一代互联网建设。随着无线技术和视频压缩技术的成熟,基于无线技术的网络视频监控系统,为水土保持数据接收提供了有力的技术保障。基于 4G/5G 技术的网络监控系统需具备多级管理体系,整个系统基于网络构建,能够通过多级级联的方式构建一张可全网监控、全网管理的视频监控网,提供及时优质的维护服务,保障系统正常运转。

第七节 水利监督

一、业务范围

水利监督业务主要包括信息预处理、行业监督检查、安全生产监管、工程质量监督、项目稽查和监督决策支持。信息预处理的重点是及时自动发现问题;行业监督检查的重点是准确认定问题;安全生产监管的重点是安全评估;工程质量监督的重点是准确判定工程质量情况;项目稽查的重点是准确认定项目问题;监督决策支持的重点是行业风险评估。

二、河湖智慧监管平台

(一)建设目的

由于部分商家、游客环保意识不强,向河内乱扔垃圾、乱倒污水等破坏水环境的不文明行为时有发生、屡禁不止。由于垃圾丢弃、倾倒污水时间短暂、地点具有随机性,日常人工巡查无法保证长时间、不间断监管,很难及时取证;而传统视频监控由于视频画面太多,依靠人工全覆盖、全时段监管识别需要消耗大量人力和时间,同样存在难度大、监控难到位问题。现有以人工巡查为主、在线管理为辅的传统方式无法满足河湖空间管理精细化及科学化的要求,需要建立起覆盖流域重要的、省际边界的、重要生态敏感的河湖等全覆盖的全面实时感知体系,开发基于河湖的智慧监管平台,监控违法违规行为,通过抓拍系统智能识别和实时推送,实现了对商家、个人违法违规行为的监管取证,并进行上门执法和宣传,具有震慑力、影响力,从而进一步减少垃圾、污水入河的数量,提升水环境面貌。

(二)应用介绍

在河湖智慧监管平台中建设了高清视频监控系统,利用人工智能图像识别和云计算技术,对商家、游客、住户、租户等违法违规、不文明行为进行智能识别和监控,并把机器告警结果自动推送给城管部门进行相应的教育和执法,旨在通过警示和震慑作用有效遏制破坏水环境的不文明行为。河湖智慧监管平台主要包括异常行为监测模块、通知警示模块、处办反馈模块三部分,见图 6-10。

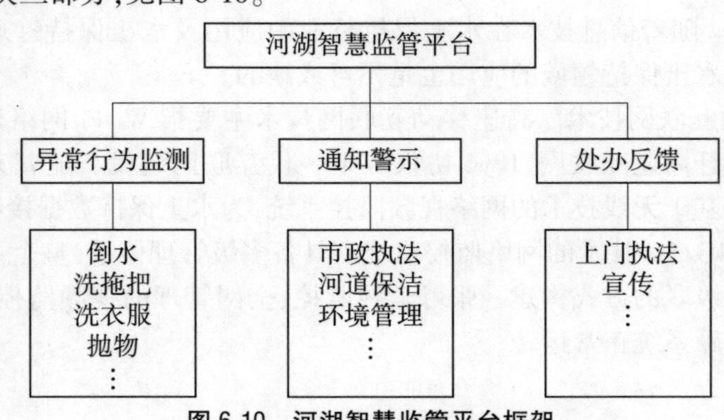

图 6-10 河湖智慧监管平台框架

1.异常行为监测模块

利用人工智能技术在河道管理上的应用,抓拍到大量不文明行为,如对倒水、洗拖把、洗衣服、抛物等进行自动识别和识别出违法行为并记录取证。运用人工智能技术对视频进行全自动的智能识别,能够显著提升视频监管工作效率,有效支撑河道监管业务需求,使得该平台成为河道智能监管的利器。

2.通知警示模块

识别出违法行为后记录取证,并实现实时预警和信息自动推送。后台系统将发生违法行为的前后过程视频和截图派发至相关工作人员的终端上,实现市政执法的目的。通过业务流程创新,打破了传统行业管理的局限,实现市政执法、河道保洁、环境管理等多部门信息共享与协同,发挥信息化管理系统优势。同时,平台将发生违法行为的地点直接发送给河道保洁人员,保洁人员可以及时前去打捞,保持河道的清洁。

3.处办反馈模块

由工作人员携带违法行为的前后过程视频和截图信息上门执法、宣传,具有震慑力、影响力,从而进一步减少垃圾、污水入河的数量,并对清洁结果进行检查,完成后通过系统上报处理结果。

(三)创新技术

河湖智慧监管平台中的最大创新之处是人工智能(AI)的技术突破,主要源于深度学习技术,通过对视频图像进行特征分类学习、识别和分析,实现对河道的精细化监测,逐步实现河湖管护的现代化与智能化,从而提升工作效率,减轻河长办人员、河湖保洁人员的工作强度,降低运行管理成本,促进河湖管理可持续发展。该技术已应用在河道视频抓拍系统中,对河道内侧丢弃垃圾、乱倒污水行为进行抓拍。算法既需要考虑不文明行为带来的水面变化,也要综合岸边人员的行为等多种因素进行判断。船只的频繁经过也会产生波浪和遮挡,需要设置规则进行误报排除。该平台的最大难点在于如何通过人工智能技术准确高效识别不文明行为,众多难点交织在一起,使得该平台实现效果难度极大。为了满足业务目标,需要兼顾准确率和漏检率,对河道内侧丢弃垃圾、乱倒污水行为进行抓拍,可推广到其他任何河湖管理中去。

第七章　智慧水利实践——黄花滩智慧灌区

黄花滩灌区调蓄供水工程,按照全国大中型灌区续建配套与节水改造实施方案中对灌区信息化的实施要求及现代化灌区建设目标,进行智慧化提升,实现了系统应用与灌区实际业务的有效衔接,能够有效提升运行管理水平,降低工作人员负荷,提升灌溉用水利用系数,实现问题可快速解决、人员可快速定位、工程相关信息可随时查看,调动灌区管理相关单位部门人员的主观积极性。

黄花滩灌区调蓄供水工程可看作一个水利智能体,简称智慧灌区水利智能体。从层级上看,它是县级水利智能体的一个子水利智能体;从业务上看,它是专注于节水业务的单一业务水利智能体。该智能体建设后,可满足灌区管理的业务需求,通过建立智能感知,全面提升灌区工程的感知能力,实现对工程的量水、安全、视频监控、计算机监控及电子围栏系统等的实时感知,保证管理人员对工程全方位、全时段的掌控。建立智能连接,实现工程的远程安全调控,工程感知体系与灌区运行管理部门、上级管理部门的网络覆盖与互联互通。建设智能中枢,补充拓展了数据中心,搭建了对上服务应用系统、对下服务数据中心的应用支撑平台体系。完善拓展了综合监视、工程全生命周期管理、移动端应用等系统,因地制宜地建设成集信息采集与传输、目标控制、监控调配、水费管理等为一体的智慧灌区水利智能体,提升了灌区管理水平。

第一节　智能感官控制系统

智慧灌区水利智能体的智能感官主要包括工程安全监测感官、视频监控感官等自动化控制系统。

一、工程安全监测感官

建立安全监测信息化感官,分析管理软件实现监测数据管理、处理、图形分析、报表制作等功能,使所有的结果以直观的图表形式提供给有关人员作为分析决策参考。系统提供给有关人员的信息,除数据信息外,还包括相关分析结果,包括变形情况、渗流情况、警戒值等。

安全监测设备包括渗流监测、变形观测设备及数据采集装置,使用 MCU 设备实现数据的自动化采集,MCU 布置在水池的管理房内,数据通过光纤预留接口传输至监控中心。

二、视频监控感官

视频监控系统可以确保运行(值守)人员及时了解调蓄水池等灌区工程范围内各重要场所的情况,提高运行水平。可对视频信息进行数字化处理,从而方便地查找及重现事故当时情况,是基础感知体系中一个重要的基础支撑。

根据黄花滩灌区调蓄供水工程“无人值班(少人值守)”的控制方式,视频监控系统应与灌区计算机监控系统等有机地结合起来,可接收灌区计算机监控系统的协议信号,实现相关联动动作,通过在某些重要部位和人员到达困难的部位设置摄像机,并随时将摄取到的图像信息传输到工程集控中心及管理中心,以达到减少巡视人员劳动强度的目的,并实现各场所安全监视、各泵站等部位的远方监视、部分现地设备的运行情况监视等。

1 号调蓄水池已建视频监控感官,在黄花滩灌区水利智能体中进行集成。

大靖(2 号)调蓄水池、渠首(3 号)调蓄水池、绿洲(4 号)调蓄水池及绿洲分干渠 4 个主体工程项目范围内各重要场所的情况,实现视频信息的集中监控与管理,视频监控感官数据最终接入调度管理中心数据资源管理平台。

(一)1 号调蓄水池

视频监控感官由摄像前端设备,视频图像和控制信号传输,视频图像信号接收、存储、处理和显示三部分组成。配置 1 台监控主计算机和 2 台 21 英寸液晶监视器(含主控键盘,监视器分别布置在泵站控制室和管理楼监控室)、1 台 16 路视频录像机及其硬盘、1 台交换机、15 套摄像机(即 15 个视频监视点)。1 号调蓄水池视频点位布置见表 7-1。

表 7-1 1 号调蓄水池视频点位布置

序号	建设地点	数量	设备类型	传输方式	监视目的	说明
1	泵站主厂房内	1	高清网络彩色球型	网线、交换机、光纤	环境	室内
2	泵站副厂房中控室	1	高清网络彩色球型	网线、交换机、光纤	环境	室内
3	泵站配电室	1	高清网络彩色球型	网线、交换机、光纤	环境	室内
4	泵房大门口	1	高清网络彩色球型	网线、交换机、光纤	环境	室外
5	调蓄水池	1	高清网络彩色球型	网线、交换机、光纤	环境	室外
6	蓄水池周边	10	高清网络彩色球型	网线、交换机、光纤	环境	室外
合计		15				

(二)大靖(2 号)调蓄水池视频监控感官

1.监控感官结构和配置

视频监控感官由摄像前端设备,视频图像和控制信号传输,视频图像信号接收、存储、处理和显示三部分组成。配置 1 台监控主计算机和 1 台 21 英寸液晶监视器(含主控键盘,监视器布置在调蓄水池值班室)、1 台 16 路视频录像机及其硬盘、1 台交换机、13 套摄像机(即 13 个视频监视点)。

16 路实时嵌入式网络硬盘录像机和 5 块监控专用 4 TB 硬盘(存储时长为 1 个月)用于视频信号的处理和存储,硬盘录像机和监控主机通过 TP-LIN 型 24 接口交换机组网。同时在管理楼增设交换机和显示器,方便管理人员在管理楼能实时监控水池运行情况。

电子围栏系统主要由电子围栏主机、前端配件、后端控制系统三大部分组成。

2.视频点布置

视频监视系统主要实时监视值班室、阀井等设备的运行状态及水池周边人畜安全,布设13个监视点。2号调蓄水池视频点位布置见表7-2。

表7-2　2号调蓄水池视频点位布置

序号	建设地点	数量	设备类型	传输方式	监视目的	说明
1	监控室	1	高清网络彩色球型	网线、交换机、光纤	环境	室内
2	室外大门	1	高清网络彩色半球型（变焦，带云台）	网线、交换机、光纤	环境	室外
3	出水阀井外	1	高清网络彩色半球型（变焦，带云台）	网线、交换机、光纤	环境	室外
4	蓄水池周边	10	高清网络彩色半球型（变焦，带云台）	网线、交换机、光纤	环境	室外
	合计	13				

（三）渠首（3号）调蓄水池视频监控感官

1.监控感官结构和配置

视频监控感官由摄像前端设备，视频图像和控制信号传输，视频图像信号接收、存储、处理和显示三部分组成。配置1台监控主计算机和2台21英寸液晶监视器（含主控键盘，监视器分别布置在泵站控制室和管理楼监控室）、1台16路视频录像机及其硬盘、1台交换机、15套摄像机（即15个视频监视点）。

16路实时嵌入式网络硬盘录像机和5块监控专用4 TB硬盘（存储时长为1个月）用于视频信号的处理和存储，硬盘录像机和监控主机通过TP-LIN型24接口交换机组网。同时在管理楼增设交换机和显示器，方便管理人员在管理楼能实时监控泵站运行情况。

电子围栏系统主要由电子围栏主机、前端配件、后端控制系统三大部分组成。

2.视频点布置

视频监视系统主要实时监视泵房、中控室、蓄水池等周边设备的运行状态及水池周边人畜安全，布设15个监视点。3号调蓄水池视频点位布置见表7-3。

表7-3　3号调蓄水池视频点位布置

序号	建设地点	数量	设备类型	传输方式	监视目的	说明
1	泵站副厂房主厂房	1	高清网络彩色球型	网线、交换机、光纤	环境	室内
2	泵站副厂房中控室	1	高清网络彩色球型	网线、交换机、光纤	环境	室内
3	泵站配电室	1	高清网络彩色球型	网线、交换机、光纤	环境	室内
4	泵房大门口	1	高清网络彩色球型	网线、交换机、光纤	环境	室外
5	调蓄水池	1	高清网络彩色球型	网线、交换机、光纤	环境	室外
6	蓄水池周边	10	高清网络彩色球型	网线、交换机、光纤	环境	室外
	合计	15				

（四）绿洲（4号）调蓄水池视频监控感官

1.监控感官结构和配置

视频监控感官由摄像前端设备，视频图像和控制信号传输，视频图像信号接收、存储、处理和显示三部分组成。配置1台监控主计算机和2台21英寸液晶监视器(含主控键盘,监视器分别布置在泵站控制室和管理楼监控室)、1台16路视频录像机及其硬盘、1台交换机、13套摄像机(即13个视频监视点)。

16路实时嵌入式网络硬盘录像机和5块监控专用硬盘(存储时长为1个月)用于视频信号的处理和存储,硬盘录像机和监控主机通过TP-LIN型24接口交换机组网。同时在管理楼增设交换机和显示器,方便管理人员在管理楼能实时监控泵站运行情况。

电子围栏系统主要由电子围栏主机、前端配件、后端控制系统三大部分组成。

2.视频点布置

视频监视系统主要实时监视泵房、中控室、蓄水池等周边设备的运行状态及水池周边的人畜安全,布设13个监视点,4号调蓄水池视频点位布置见表7-4。

表7-4　4号调蓄水池视频点位布置

序号	建设地点	数量	设备类型	传输方式	监视目的	说明
1	监控室	1	高清网络彩色球型	网线、交换机、光纤	环境	室内
2	室外大门	1	高清网络彩色半球型(变焦,带云台)	网线、交换机、光纤	环境	室外
3	出水阀井外	1	高清网络彩色半球型(变焦,带云台)	网线、交换机、光纤	环境	室外
4	蓄水池周边	10	高清网络彩色半球型(变焦,带云台)	网线、交换机、光纤	环境	室外
合计		13				

(五)绿洲分干渠视频监控系统

阀井现地设摄像头1只,用于监测阀井周边环境。视频信号经光纤收发器传输至4号调蓄水池值班室交换机。

第二节　智能连接控制系统

黄花滩智慧灌区水利智能体的智能连接通过光纤通信、无线通信、语音通信、计算机网络和互联网接入等手段,分别实现工程的远程安全调控、工程感知体系与灌区运行管理部门、上级管理部门的网络覆盖与互联互通。

一、光纤通信

黄花滩灌区调蓄供水工程采用光纤通信系统组建工程范围内的主干通信网络,采用环网形式光纤敷设,实现黄花滩灌区1号调蓄水池、2号调蓄水池、3号调蓄水池、4号调蓄水池、绿洲分干渠输水干线上的各泵站、主管线控制设备及黄花滩灌区调度管理中心等部门之间的数据通信。

二、无线通信

为满足部分监控智能感官通信的需求,采用3G/4G网络实现数据的传输。

三、语音通信

部署IP电话及语音网关，实现1号调蓄水池、2号调蓄水池、3号调蓄水池、4号调蓄水池与黄花滩灌区调度管理中心等部门之间的语音通信。

四、计算机网络

黄花滩灌区调蓄供水工程计算机网络划分为控制网和管理网，在调度中心和各水池泵站分别部署网络设备，两个网络在调度中心通过安全隔离设备实现数据交换。该工程新设管理网设备与调度中心现有管理网设备，通过物理连接及逻辑隔离，共同组成黄花滩灌区管理网。

计算机网络中配置组网汇聚交换机和接入交换机。

(1)组网汇聚交换机的主要功能包括物理编址、网络拓扑结构、错误校验、帧序列及流量控制，是数据信息存储和转发的主要设备。支持命令行接口配置，支持系统日志，支持分级告警。

(2)接入交换机通常将网络中直接面向用户连接或访问网络的部分称为接入层，将位于接入层和核心层之间的部分称为分布层或汇聚层。接入交换机基于TCP/IP的以太网，支持DOS/DDOS自动防御功能。

五、互联网接入

调度中心现有计算机网络已接入国际互联网。该工程管理网与调度中心现有计算机网络通过逻辑隔离实现数据通信及国际互联网的接入。

第三节　智能中枢控制系统

智慧灌区水利智能体的智能中枢主要是搭建了对上服务应用系统和对下服务数据中心的应用支撑平台。

应用支撑平台作为智慧灌区水利智能体应用技术架构的基础和支撑体系，是所有应用系统的载体。用户可以在这个载体上，根据智慧灌区的应用需求及业务发展的需要，构造各种具体的应用。应用支撑平台的运行需要基础设施的支撑，通过标准接口与协议访问数据库中的数据。

在智慧灌区水利智能体建设前，黄花滩灌区信息化工程已配置SQL Server作为数据库管理软件；配置2台服务器，用作通信服务器和数据备份服务器；购置了数据接收、控制软件，部署于通信服务器，实现遥测站、阀控系统及视频系统的实时遥测信息的接收、译码、甄别、合理性检查、处理，并形成原始数据库；购置了数据组织、存储、管理软件，部署于通信服务器；购置了运行分析软件，对遥测数据接收系统接收来的数据进行分析，对数据接收的准确性、误码率、畅通率、迟报、误报、漏报进行分析；购置了8端口KVM切换器、42U标准机柜。

为了方便地部署、运行和管理智慧灌区水利智能体，需要在已配置软硬件设备的基础上，以 JavaEE 技术路线的 Web 底层技术为基础，规划一个整体的智能中枢，提供统一的技术架构和运行环境，为应用系统建设提供通用应用服务和集成服务，为资源整合和信息共享提供运行平台。

根据黄花滩灌区管理的扩展运行需求，配置数据库服务器、应用服务器、BIM+GIS 服务器、FCSAN 存储系统等硬件，购置或定制开发数据库管理软件系统、报表工具、消息中间件、工作流引擎、统一用户管理及认证子系统、告警服务等软件。

一、系统结构

该项目的应用支撑采用与国家防汛指挥系统、水利电子政务系统相同的框架，技术上遵循 SOA 体系，提供业务系统所需要的各类服务，各业务系统将开放的业务操作封装后提供服务，最终实现以 Web 服务交互的方式，更好地整合各业务系统，使得业务系统或应用程序能够更方便地互相通信和共享数据。

应用支撑层的结构如图 7-1 所示。

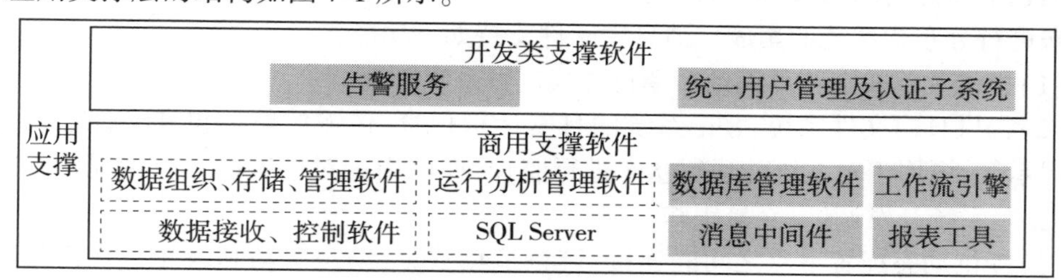

图 7-1　应用支撑层的结构

二、应用支撑平台

（一）商用支撑软件

商用支撑软件主要包括数据库管理软件、工作流引擎、消息中间件、报表工具，提供信息系统构架软件支撑。

1.数据库管理软件

数据库管理软件提供数据的基本管理、数据同步、数据备份和恢复等功能。

黄花滩灌区信息化已建工程因当时数据量较小，采用了价廉且易于开发的 SQL Server 作为数据库管理软件。随着智慧灌区水利智能体的建设及未来智慧灌区的发展，数据量将持续增长，数据关系将更加复杂，为满足信息化管理对数据库管理提出的更高要求，智能中枢中选用大型分布式关系数据库系统实现灌区数据的管理。

2.工作流引擎

工作流引擎为智慧灌区水利智能体提供业务流程定制功能及表单设计功能。工作流引擎支持如下功能：

（1）分支判断和循环，通过内部实现的公共 handler 支持 AND、OR、NOT 逻辑操作。

（2）允许在配置文件中自定义变量，并在程序中为指定变量赋值。

（3）允许用户在 handler 和 action 中定义及操作变量。

(4)只允许单入口(开始节点)、单出口(结束节点),整个流程一次执行完毕,不支持流程状态的持久化及恢复。

(5)支持串行。

(6)支持分支,支持二选一和多选一模式。

(7)支持并行(并发),并行(并发)节点支持"与会聚"和"或会聚"。

(8)支持自动节点,可以自动向下执行的节点。

(9)支持在串行节点、分支和并发节点上同步调用子流程。

(10)支持根据业务数据(包括 Web 表单与电子表单,Web 表单与电子表单参与路由的字段名称必须与工作流引擎中的相关变量完全一致)进行自动路由。

(11)支持根据组织机构的职级关系进行自动路由。

(12)支持普通任务节点的单步会签。

3.消息中间件

消息中间件利用高效可靠的消息传递机制进行与平台无关的数据交流,并基于数据通信来进行分布式系统的集成。消息中间件支持如下功能:

(1)提供菜单式字符界面及命令行方式进行系统管理。

(2)提供日志文件系统,登记系统的日常运行信息、传输的数据包和文件信息、系统出错提示等,可用于对系统的运行状态进行监控,亦可用于对系统的运行情况进行审计、故障处理、系统开发调试、交易跟踪。

(3)提供动态配置节点之间的连接,调整节点数量,动态启动和终止节点的运行,动态修改节点的运行参数。

(4)提供远程管理代理机制,允许用户将某网络节点设置成管理机,在管理机上可以监控和配置网络中任一节点(包括中心和前端)。

(5)提供从底层到应用的多级别安全机制。

4.报表工具

报表工具是通过图、表等形式将数据库中的数据进行展示,提供报表自定义功能,将业务系统中的业务逻辑、数据分析变成可操作的信息报表系统;提供报表展现、报表填报、数据汇总、统计分析、打印输出等功能,搭建出该系统的报表处理平台。报表工具支持如下功能:

(1)提供高效的报表设计方案、强大的报表展现能力、灵活的部署机制,并且具备强有力的填报功能。

(2)提出了非线性报表模型、强关联语义模型等先进技术,提供了灵活而强大的报表设计方式和分析功能。

(二)开发类支撑软件

开发类支撑软件是基于商用支撑软件,为各业务系统的共性需求提供统一的服务构件,主要包括统一用户管理及认证子系统、告警服务等。

1.统一用户管理及认证子系统

统一的用户管理系统为系统间的协同提供统一的用户基础数据,通过存储用户的基本信息(例如用户名、密码、个人信息、组织结构信息等),建立一个完整的、统一的用户信息库,实现用户信息的统一管理。同时提供统一用户信息的接口,各业务应用系统可以获得统一的用户信息。

为避免用户使用不同业务系统时需要重复登录,统一认证可为各业务系统提供开放式身份认证服务。身份认证通过后,反馈当前业务系统用户的身份信息,由业务系统进行相应的授权,以进行相应的业务操作。

2.告警服务

根据应用系统的请求,触发告警事件,为用户提供告警信息,通过短信提醒、声音提示、图像提示等方式及时提醒业务人员关注危急信息。同时,对告警情况进行全过程的记录,生成系统日志。

三、主要硬件配置

根据智慧灌区水利智能体的运行需求,为黄花滩灌区管理局配置应用服务器 2 台、数据库服务器 2 台、FCSAN 存储系统 1 台、光纤交换机 1 台。同时,考虑机房服务器的统一管理、提高工作效率、增强安全性,配置 24 接口数字 KVM 集中管理系统 1 套。

第四节　智能应用控制系统

黄花滩智慧灌区的智能应用主要包括灌区“一张图”、BIM+GIS 平台、综合监视、蓄水池和泵站自动化控制、工程管理、水量查询、水费计收管理、配水计划管理、移动应用和三维仿真模拟等系统应用。

一、灌区“一张图”

建立黄花滩灌区二维、三维多元信息“一张图”,实现二维、三维“一张图”联动。黄花滩“一张图”是数字化地图、数字高程模型、数字正射影像、三维实景模型、BIM 模型等多源信息的集合,与灌区的整体调度方案相结合,实现信息的不同维度展示,提供信息的交互查询和相应的空间分析。

(一)地图制图的主要内容

黄花滩灌区“一张图”的地图制图部分工作内容主要包括基础底图要素与专题图要素的编制。

(1)基础底图要素作为地图下垫面,用以标明专题要素空间位置与地理背景,一般采用淡雅的色系进行表示。黄花滩灌区的基础底图要素主要包括地貌、行政区划、水系、道路、居民地等。

(2)专题图要素放在地图的第一层面,具有强烈的视觉冲击,突出地表示专题的内容,一般用相对浓艳的色系。黄花滩灌区的专题要素主要包括水资源分区、水源工程、灌区片、水利工程管理范围线、输配水线路、用水户、灌区的土地利用图、监测站点、机构的分布情况等。水源工程包括水库、蓄水池等;水利工程包括泵站、水闸、涵洞、堤防、穿堤建筑物等;监测站点包括雨量站、水文站、气象站、墒情站、视频站等;输配水线路包括干渠、分干渠、支渠、斗渠、农渠、毛渠等,还包括明渠和暗渠。

(二)主要功能

通过地图的制作,将灌区的各种数据集成到一张图上,能够更直观地了解灌区的整体情况,掌握灌区工程的分布情况,实现空间定位、查询、量算、空间分析、统计分析等功能。

1.空间定位功能

输入坐标或者兴趣点的名称,可以自动定位到该目标。

2.查询功能

查询功能包括按点查询和开窗查询。按点查询,即用鼠标点中某一个要素,可以查询该要素的属性;开窗查询,即输入任意的多边形,检索该多边形内有哪些数据。

3.量算功能

量算功能可以量算任意两点间的距离长度、量算任意多边形的面积等。

4.空间分析功能

空间分析功能包括叠加分析、缓冲区分析、DEM 分析等。

(1)叠加分析。将两种不同的要素进行叠加,例如:将水利工程管理范围线与泵站要素进行叠加,经统计可以得到每个管理范围线内有多少泵站;将水利工程管理范围线与土地利用要素进行叠加,经统计可以得到每个管理范围线内每种土地类型的面积。

(2)缓冲区分析。可以确定某一要素的影像范围,例如,可以确定每个蓄水池半径为 1 km 的范围。经叠加分析与统计可以得到半径 1 km 的范围内输水管线有多长等。

(3)DEM 分析。可以确定坡度、坡向等。

5.统计分析功能

统计分析可以实现基本的报表统计功能,例如,统计每个地块每天的灌溉水量、灌溉率;根据雨量站的信息统计灌区每个月的降雨量等。

二、BIM+GIS 平台

为了最大化 BIM 与 GIS 技术的结合与价值,实现空间信息资源共享与应用,建立黄花滩灌区 BIM+GIS 平台,把工程建筑信息模型微观数据与黄花滩灌区宏观地理信息环境共享,形成灌区水源工程、输配水工程的“数据枢纽”,应用到三维 GIS 分析中,实现灌区宏观、微观智能化、可视化管理。

(一)BIM 模型建设

1. BIM 技术服务工作

该项目应用 BIM 技术服务范围包括但不限于:①BIM 建模,黄花滩灌区 4 座调蓄水池及配套设施、分干渠管道工程、阀井、阀室、交叉建筑物;②BIM 5D 管理平台(基于 BIM 的进度和成本管理);③BIM 应用相关技术服务等。BIM 应用服务内容见表 7-5。

2. BIM 建模要求

(1)在 BIM 模型建设过程中应提交详细的工作计划、BIM 模型建设方案、专业协作方式和模型质量管理办法等,按工作计划完成 BIM 模型成果原始文件,校审完成后连同质量管理过程文件一起提交给发包人。

(2)应充分研究并借鉴国内外现行优秀的 BIM 系统管理和技术标准,结合水利工程建设特点,在国家及水利水电行业相关标准、规范框架下,对 BIM 模型建设和应用规则进行整体规划，保证工程 BIM 模型成果的统一性、完整性和准确性，对模型建立、模型传递、数据格式等进行规范化指导，并满足工程全生命周期管理对模型数据的要求。

表 7-5 BIM 应用服务内容

项目	工作内容	说明
BIM 建模	4 座调蓄水池及配套设施	模型精度符合国标 LOD3.0
	分干渠管道工程	
	阀井	
	阀室	
	交叉建筑物	
BIM 5D 管理平台	BIM 轻量化平台	
	跨平台 BIM 模型轻量化导入	
	BIM 模型数据管理	
	BIM 模型操作	
	进度管理	
	成本管理	
BIM 应用相关技术服务	BIM 技术培训	
	BIM 实施指导	

（3）应采用主流的 BIM 建模平台进行建模，如 Bentley、AutoDesk、Catia 等。

（4）完成的各个阶段 BIM 模型深度等级参照国家标准并满足黄花滩灌区工程标准体系要求。

（5）BIM 模型对象必须进行编码，编码规则参照国家标准并满足黄花滩灌区工程标准体系要求。

（6）应根据工程变更、现场实际情况，对 BIM 模型进行维护和调整，使其与现场实际施工保持一致，并定期提交。

3.BIM 功能要求

1）进度管理

建设进度管理模块，采集录入或抽取工程进度管理相关数据，集成在进度管理 BIM 模型中。对工程进度进行实时展示，让现场作业面貌直观展现在参建各方面前。同时，对相应工作计划进行虚拟模拟，辅助现场进行施工计划的合理安排。进度管理包含以下内容：

（1）进度计划管理。实现进度计划的线上编制、修改，以及相关施工资源的配置，同时支持 Project、P3/P6 等进度管理软件成果的直接导入。

（2）实际进度管理。基于各级进度计划实现进度计划的线上填报、施工进度资料管理，根据实际进度情况可进行工期变更管理。

（3）施工进度对比分析。基于计划进度和实际进度，进行施工进度对比分析，并进一步根据分析结果进行施工进度预警，按照不同的条件及时间节点发送给指定人员。

（4）关键节点及关键线路进度跟踪。根据进度执行情况，对项目关键节点和关键线路进行重点监控，分析关键施工节点的滞后风险，对于可能发生的进度滞后问题提前预判并进行预警。

2)成本管理

(1)成本控制。基于BIM模型提供该项目的工程量清单,并根据工程变更、签证等现场实际情况,对BIM模型进行维护和调整,使其与现场实际施工保持一致,并定期提交。

(2)计量支付和BIM进度模型挂钩。通过BIM模型,对已完工的合格工程量进行计量。施工单位可随时录入当月的计量签证单和现场计量单,支持在线审批流程,可按照需求设置施工单位、监理、业主等的审批权限,支持会签功能。审批完成的工程计量可直接进入费用管理的合同进度结算支付流程,进行结算支付审批。遇到设计变更,根据变更指令修改工程量清单,作为工程计价依据,提交结算支付审批。

(3)工程进度款结算的流程化管理。实现自动统计应付项目、退还项目、扣款项目、变更项目、索赔项目等结算内容,明确结算内容和条目。

(4)工程项目的变更与索赔的流程化管理。将变更与索赔同项目结算相关联,实现资金的精准匹配,并根据变更与索赔记录形成台账,统计各项目标段的变更与索赔频次及费用等,为项目管理决策提供依据。

(5)实现资金使用计划的流程化管理。设定月度、季度、年度资金计划,并具备资金计划的调整和偏差分析等功能。

(二)GIS场景建设

以大范围古浪县影像、局部黄花滩高分辨率卫星为三维数字场景,以重点施工区域调蓄水池与线路为支撑,制作黄花滩智慧灌区三维信息管理数据库,为灌区管理人员提供直观、便捷的信息查询与控制工具。

平台数据支撑方面的主要工作包括:大场景数据制作、黄花滩灌区数据制作、重点施工区DOM制作与调蓄水池实景三维模型制作四个方面。具体实施步骤如下。

1.大场景数据制作

利用卫星影像与DEM数据制作古浪县三维数字场景,将地形数据分层切片,生成不同级别的.terrain格式的规则格网的地形文件,根据影像的精度,将影像切片生成不同级别的大小固定的.png瓦片,将场景文件加载到三维全景场景界面中,为整个灌区工程提供基础三维底图。

2.黄花滩灌区数据制作

利用分辨率不低于0.5 m的卫星影像与1∶10 000精度DEM叠加制作黄花滩灌区范围高精度三维数字场景。卫星影像处理过程包括正射纠正、配准、融合、匀色、镶嵌等工作。

3.重点施工区DOM制作

施工建设过程中和施工完成阶段,对重点施工区域进行监测。在项目施工期关键时间节点,采用航空摄影测量方式监测施工进度和完成情况,获取地面分辨率优于0.2 m的数字正射影像,并将不同时相的DOM成果及时录入至黄花滩灌区三维数字平台中,便于管理人员实时掌握工程施工进度。

4.调蓄水池实景三维模型制作

在项目施工期关键时间节点,采用五镜头倾斜摄影测量系统,获取本期4个调蓄水池

(1号黄花滩、2号大靖、3号渠首、4号绿洲)的多镜头影像,并制作不同时相的实景三维模型。将实景三维模型与设计的BIM模型相对比,分析实际工程施工进度。

地形图测量总体技术路线如图7-2所示。

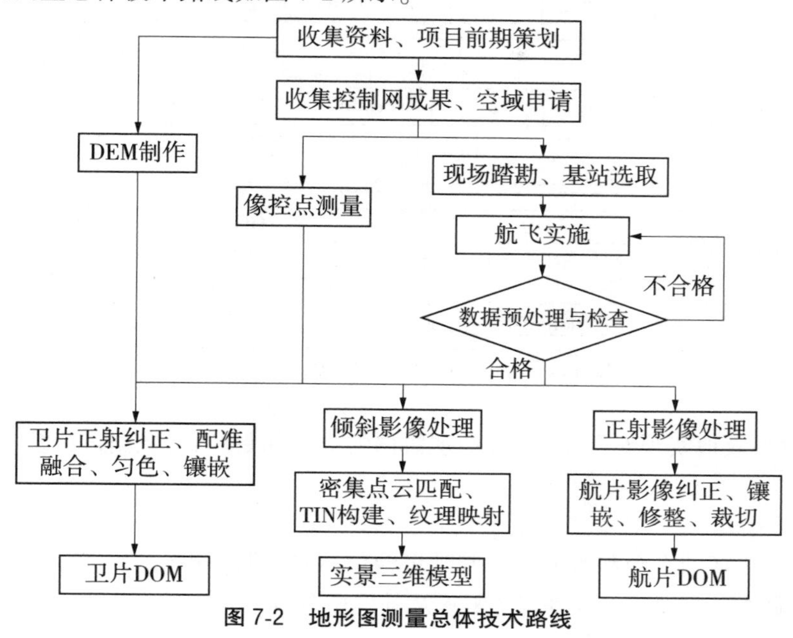

图7-2　地形图测量总体技术路线

(三)BIM与GIS的集成

根据集成模式的不同,可以将BIM与GIS的应用集成模式划分为三种类型,分别为BIM应用中集成GIS功能、GIS应用中集成BIM功能及BIM与GIS深度集成。由于黄花滩灌区控制灌溉面积大、输水线路长的特点,该项目采用GIS应用中集成BIM功能的方式。

将卫星遥感影像数据和各种矢量数据叠加到数字高程模型表面,产生逼真的地形地貌模型,与水利工程BIM模型进行无缝拼接,生成黄花滩灌区三维仿真场景,实现灌区从整体到局部、从水源区到下游的全方位立体式交互漫游、地图导航、GIS分析等功能。

(四)基于BIM+GIS的三维可视化平台

平台利用三维地理信息空间数据管理与发布功能,以数字正射影像、数字高程模型,无人机倾斜摄影、三维建模等技术生产的倾斜三维模型及水工建筑物三维模型为数据源,经脱密公众化处理后集成在三维可视化平台中,实现多尺度、多类型数据的统一浏览展示、信息查询和可视化表达。平台的总体结构设计为B/S结构,即浏览器/服务器结构,实现空间信息和属性信息的浏览和查询。BIM+GIS的三维可视化平台架构见图7-3。

1.数据层

数据层利用网络基础设施和硬件基础设施构成一个存储、访问和管理空间与非空间数据的关系数据库服务器,负责存储信息系统的三维场景数据、水工建筑物三维模型(倾斜摄影模型、水工建筑物三维模型)、河流水系及行政区划空间数据及属性数据等,并向中间服务层提供符合LOD和OGC标准的空间数据服务。保持了数据的一致性、完整性、

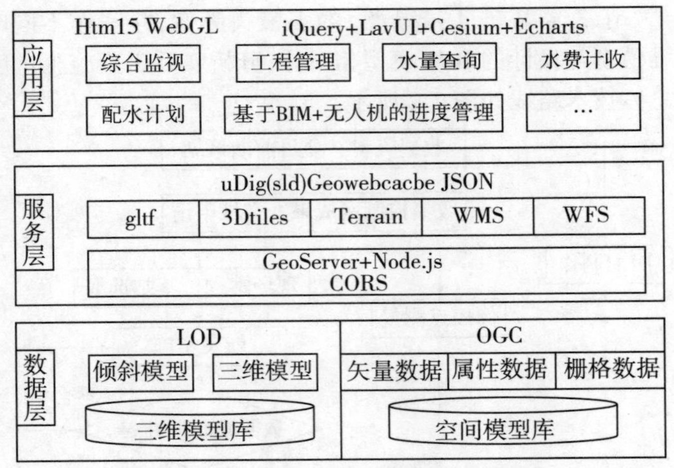

图 7-3　BIM+GIS 的三维可视化平台架构

统一性，同时高效地实现对二维、三维地理数据的维护和更新，对数据进行统一存储，集中管理。

2.服务层

服务层包含基础平台和服务层。基础平台包括 GIS 服务平台、数据库平台；服务层包括数据获取服务、GIS 服务、属性信息服务及其他服务等。

（1）GIS 平台采用可跨平台部署的 GeoServer 发布空间数据（栅格）及其缓存切片服务。

（2）三维空间可视化平台采用 Node.js 进行网络地理信息发布服务、三维场景发布服务以及倾斜模型和三维模型的塑造，客户端则采用基于 WebGL 的 Cesium 进行数据的渲染展示等。

（3）采用 Geojson 灵活存储矢量数据和属性数据，完成空间数据和非空间数据的统一存储和管理。

3.应用层

应用层实现信息展示等人机交互功能，为用户提供美观、简洁和全新体验的操作界面。应用层通过客户端浏览器，建立与数据服务、支撑平台、网络三维服务的连接，基于 TCP/IP 网络连接和 Http 协议形成 B/S 工作模式，客户端可直接请求数据操作和地理数据服务，浏览器提出请求后，通过中间服务层的数据处理并进行相应的分析，将结果返回到浏览器端。实现对三维地形场景及水工建筑物模型、基础地理数据等的浏览查询、三维漫游、空间量测等功能，为综合监测、工程管理等应用提供数据及场景支撑。

三、综合监视系统

综合监视系统兼顾业务应用系统门户，提供水行政主管部门业务人员访问灌区应用系统的统一入口，通过单点登录，实现所有应用的入口统一，实现各信息资源、各业务应用的集成与整合，达到信息资源的全方位共享。

综合监视系统实现基于“一张图”的综合业务信息服务和统一认证的黄花滩灌区综

合监视，系统通过统一的数据交换接口对灌区涉及的工情、视频、工程安全、闸控等各类设备上报的监测、监控数据进行接收、计算、存储、预警预报、人工校正和统计分析处理，为工程运行、工程安全预警等业务应用提供数据支持。

用户基于该工程三维"一张图"，可快速、全面掌握全灌区各类实时监测信息和业务信息，获取相关的数据、业务分析的结论。用户可在电脑上通过浏览器登录业务门户，也可在移动终端上进行业务门户的相关操作。

（一）量水监测

该项目对已建 14 个斗渠、215 条农渠水量监测信息进行集成，同时接入 1～4 号调蓄水池、绿洲分干渠的调蓄水池液位监测信息、泵站出水口流量监测信息及分干渠末端水量监测信息。系统以电子地图为基础，实现量水监测点位的空间分布展示，提供量水信息的查询展示及统计分析功能，为灌区输配水过程管理提供数据服务。

（二）安全监测

建立安全监测信息化系统，接入渗流安全监测信息，填报录入变形安全监测信息，提供调蓄水池安全监测信息的共享服务。对渗流、变形信息提供数据整编、查询展示、统计分析及图表制作等功能，为调蓄水池等工程安全评价提供数据支撑。

安全监测信息化系统主要有数据采集、管理、报警、图形、数据处理分析、报表、系统管理及资料管理等功能。

1.数据采集功能

（1）实时采集、定时采集兼有，相互补充。定时采集可选择性地取回测量单元存储的部分或全部测量数据。自动上报可实时传送测量数据。

（2）自动采集、人工录入皆可，相互完善。

（3）系统提供快捷工具条，以便于操作。在测量及数据处理时，提供进程提示或文字提示。观测选择方便可靠，测量单元、仪器类型、单支仪器可选择任意组合，操作方便，界面清晰、直观。

（4）数据库的编辑、查询。

2.数据管理功能

（1）对自动化观测数据提供实时显示、测值查询、测值维护及测值换算等功能。

（2）支持多种数据导入格式（如 Excel 及文本文件），可对导入的第三方数据进行处理。

（3）提供数据检验、误差处理及数据整编等功能，可按需提取和过滤数据。

（4）提供监测数据管理功能，提供对监测数据的浏览、增加、修改、删除、数据备份等操作，以及实时更新数据的过程线、表格查询。

3.报警功能

可设置报警限值和超限时执行的任务，当某测点数据或测量装置出现异常时，软件能够给出声音提示、文本框提示、短信报警或其他报警信号的提示。

4.图形功能

（1）可快速生成针对该工程预设格式的过程线、分布图等。

（2）可按用户要求生成各种过程线组合，如双轴过程线、多点/多测值过程线等。

(3)所有绘图参数均可修改,图形可无级缩放。

(4)所有图形可以联机打印、存为图形文件并对文件进行管理。

5.数据处理分析功能

(1)提供在线监测分析图表。

(2)提供特征值统计,统计分析量在分析时段内的特征值。特征值有最大值、最小值、平均值、变幅等。

6.报表功能

(1)可快速生成针对该工程预设格式的报表,如日报、月报、年报等。

(2)按需生成满足规范要求的通用报表,用户可方便设置报表字段和数据内容。

(3)可提供报表编辑器,用户可自定义任意格式的报表并可通过模板进行管理。

(4)所有报表可以联机打印、导出到 Excel 文件保存,并对文件进行管理。

7.系统管理及资料管理功能

(1)系统配置及测点维护,系统运行管理。

(2)系统用户及权限管理。

(3)系统数据备份及恢复。

(4)提供文档管理器,可对各种格式的文件进行查询检索等管理。

(5)可对工程资料、仪器考证资料及安全信息资料进行管理。

(三)视频监视

该工程在原调度中心现有视频监控中心站的基础上进行系统扩容,以满足新增视频点位监视对视频存储及网络的需求。调度中心新增摄像控制主机 1 台、摄像控制软件(具备人脸识别工程)1 套、网络硬盘录像机(32 路)2 台、4 T 硬盘 8 块、67 英寸大屏 1 面。

通过整合视频管理软件,实现视频点图像信息与业务应用系统的集成。系统提供视频图像信息的在线多路展示,提供视频信息查询、浏览、实时监视功能,可实时监控 1~4 号调蓄水池、绿洲分干渠的安全运行情况,为业务人员实施安防保护管理提供视频图像信息。软件主要功能如下:

(1)网络预览。预览网络硬盘录像机的监控画面。

(2)客户端录像。将网络传送的数据以文件形式保存到客户端的主机上。

(3)云台控制。对网络硬盘录像机所连接的云台及镜头进行控制。

(4)远程回放服务器文件。通过网络回放硬盘录像机上已保存的文件。

(5)下载服务器文件。将硬盘录像机上已保存的文件下载到客户端的主机上。

(6)调整视频参数。调整预览图像的亮度、对比度、饱和度、色度的值。

(7)布防/撤防。对最多 16 台服务器进行布防/撤防,当有报警信号时,客户端可以接收/不接收服务器的报警消息。

(8)自动预警。监视泵站设备运行情况是否正常;监视调蓄水池周边是否有人畜落水,并通过电子围栏后台报警系统向管理人员发出声光报警。

四、蓄水池和泵站自动化控制系统

该项目实现了 1~4 号调蓄水池、泵站、绿洲分干渠自动化控制系统的远程控制。该项目对1~4号调蓄水池及绿洲分干渠在建闸门、阀门自动化控制系统进行网络设备配置和集成，实现在灌区监控调度中心的远程自动化控制调度。

（1）1号调蓄水池泵站采用“中央控制室集中控制”方式。计算机监控系统按“无人值班（少人值守）”的控制模式，由站级计算机、现地控制单元（LCU）等部分组成。1号调蓄水池取水口节制闸及分水闸两处启闭闸门通过配置PLC设备，利用计算机监控技术与无线信号传输技术，实现闸门现地控制与管理中心的远程控制。闸门自动监控系统采用两级控制：第一级为现地控制级，在布置于闸门附近的控制箱上实现就地控制；第二级为远程控制级，在泵站中控室的计算机上实现远程控制。

（2）2号调蓄水池根据“无人值班（少人值守）”的设计原则，水库采用计算机监控系统，采用现地控制和后台控制相结合的运行方式。该系统由站级计算机、现地控制单元（LCU）组成。计算机监控系统采用分层分布式计算机监控系统结构进行设计。2号调蓄水池在输水管道中设置调流调压阀，以消除管线富余水压，维持阀后压力在设计值范围内，同时在管道初次充水时进行小流量低流速控制。调流调压阀配置PLC控制箱，通过光缆与调度中心连接，可向调度中心上传阀门开关状态及阀位信号，并接受调度中心的指令信号。

（3）3号调蓄水池泵站采用“中央控制室集中控制”方式。计算机监控系统按“无人值班（少人值守）”的控制模式，由站级计算机、现地控制单元（LCU）等部分组成。3号调蓄水池在输水管道中设置电动半球阀，配置PLC控制箱，通过光缆与调度中心连接，可向调度中心上传阀门开关状态及阀位信号，并接受调度中心的指令信号。

（4）4号调蓄水池根据“无人值班（少人值守）”的设计原则，水库采用计算机监控系统，采用现地控制和后台控制相结合的运行方式。该系统由站级计算机、现地控制单元（LCU）组成。计算机监控系统采用分层分布式计算机监控系统结构进行设计。4号调蓄水池在输水管道中设置电动半球阀，配置PLC控制箱，通过光缆与调度中心连接，可向调度中心上传阀门开关状态及阀位信号，并接受调度中心的指令信号。

（5）绿洲分干渠输水管道中设置电动半球阀，配置PLC控制箱，通过光缆与调度中心连接，可向调度中心上传阀门开关状态及阀位信号，并接受调度中心的指令信号。

五、工程管理系统

工程管理系统实现智慧灌区水利智能体工程建设信息、工程台账信息、巡检养护信息的电子化管理，再配合移动智能终端设备的应用，可使灌区主管领导及时了解现场工况和突发事件，快速定位问题位置，第一时间给出处理意见。

（一）工程基础信息管理

针对灌区已有工程和1~4号调蓄水池、绿洲分干渠等，建设一工程一档案、一渠/管一档案。

（二）工程进度成本管理

进度管理模块提供编制项目总进度计划、年进度计划、季进度计划、月进度计划的功能，并以横道图等直观的方式，形象化地展示进度计划与实际完成工程进度，可以使项目管理者及时掌握工程建设完成的情况，实现工程进度的实时控制与管理。通过对施工重要的工程节点的严格控制,确保工程能够按照计划顺利完成。

1.无人机监控

(1)进度监控。利用无人机技术定期对施工区进行拍摄,了解施工进度,判断是否满足施工计划,进行相应施工方案的调整。

(2)模型对比。根据施工前后场区三维模型的对比,将 BIM 模型与施工三维模型进行对比,进行相互修正。

(3)土方量计算。利用无人机航测技术和 BIM 模型建立精确的土石方调配模型,利用三维模型来进行土方量计算,监控施工进展。

2.进度管理

进度管理模块主要包括 5 个方面:进度计划编制、进度上报、进度计划执行情况监控、进度检查与纠偏、4D 进度模拟。进度管理模块的功能结构见图 7-4。

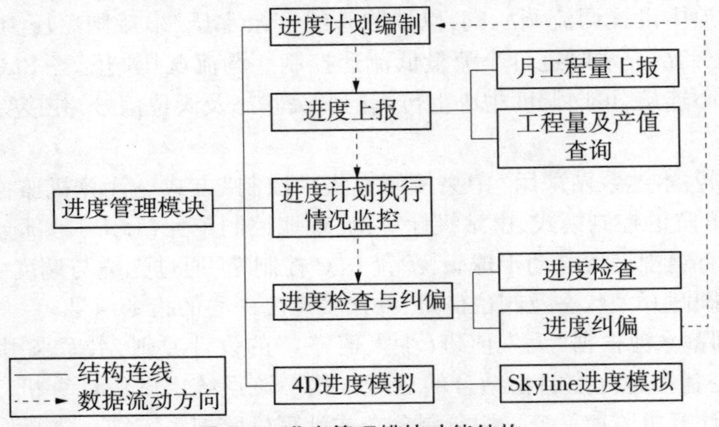

图 7-4　进度管理模块功能结构

1)进度计划编制

(1)进度计划管理。进度计划管理子模块中可以添加新的进度计划或者对现有进度计划进行编辑、删除操作,进度计划管理表格内容主要包括项目类型、工程名称、进度计划所属合同、进度计划类型、进度计划名称、进度计划审批状态,除此之外还可以查询进度计划的详细信息,包括关键线路、里程碑等信息。将进度计划提交审批后,可以进行流程追踪。当进度计划数过多时,可以通过输入查询关键字、创建日期进行进度计划的快速查询。

(2)P6 进度计划导入工程量。用于将合同工程量与 P6 软件编制的进度计划进行关联,以根据工程量上报情况进行进度分析。

2)进度上报

(1)月工程量上报。用于录入通过监理核查的月工程量信息,为费用结算提供依据。

(2)工程量及产值查询。用于统计工程各个标段工程量及产值完成情况。工程量及产值表格内容主要包括编号、工程/费用名称、实际开始时间、实际结束时间、计划工期、本期工程量、本期实际完成百分比、累计工程量、单价、累计产值等基本信息。通过在查询条件中选择项目类型、工程名称、合同名称、年度、季度、月份,可以快速查询到指定的工程量及产值记录。

3)进度计划执行情况监控

平台实现工程进度自动统计分析,能够统计分析进度计划与实际进度对比情况,同时对相对应的情况设置工程进度容许偏差值,超过容许偏差值时进行主动预警及提醒,特别是对于工期滞后的情况进行自动预警分析。

4)进度检查与纠偏

(1)进度计划检查。定期对施工情况进行检查,并录入系统,形成进度检查报告。

(2)进度计划纠偏。当进度检查结果表明进度计划中某些任务滞后或超前原有进度计划时,需进行进度纠偏措施的编制与审批。若有必要,可在“进度计划软件”页面对进度计划进行修改。

5)4D 进度模拟

实现工程进度可视化、信息化、便捷化管控。

3.成本管理

基于 BIM 的成本控制管理,主要是实现工程量的快速统计、提取,完成工程量的申报和审核,当图纸设计发生变化或发生设计变更时,修改调整 BIM 算量模型,按照算量原则自动调整工程量,相应地重新进行计价。

(三)工程监控管理

用户可进行工程二维、三维可视化浏览、查询与分析,系统通过调用调蓄水池、闸门、泵站等工程向调度中心发送采集的各种工程运行状态信息和事件信息,实现对工程运行的实时监控管理。

(四)工程巡检管理

工程巡检功能包括 Web 端和 App 端。具体功能包括巡检基础信息管理、巡检计划管理、巡检任务管理、巡检记录管理、巡检统计分析。

(1)巡检基础信息管理。对巡检路线、巡检项目、巡检内容、巡检标准等进行定义。

(2)巡检计划管理。对每一次巡检定义巡检计划,包括巡检路线、巡检项目、巡检时间等。

(3)巡检任务管理。制定巡检任务。巡检任务是对每一次巡检计划的执行,任务内容包括巡检计划、巡检人员等。

(4)巡检记录管理。巡检人员利用智能终端设备,扫描工程 RFID 标签,并可用文字、图片、视频等多种方式记录巡检情况。

(5)巡检统计分析。根据巡检记录,自动统计巡检完成情况及工程异常情况,为工程的维修养护提供依据。

(五)工程维修养护管理

工程维修养护针对巡检过程中存在的问题,按照工单进行工程维修养护,提供养护内容的在线记录、维修的在线申请和维修记录在线管理等功能。

(1)养护记录。针对每一次完成的养护,记录详细情况,包括养护时间、养护原因、养护人员、养护费用等。

(2)维修申请。工程出现大的损坏或问题时,工程的运行维护负责人提出维修申请,记录维修原因、预计维修时间、预计费用等。

(3)维修记录。针对每一次完成的维修,记录详细情况,包括实际维修时间、维修人员、实际费用、修后状态等。

(六)工程安全管理

建设工程安全监测管理系统,通过工程通信网络与监控中心连接,获取工程的安全监测数据,对自动化采集的海量监测数据实现查询、统计分析和评价;结合 BIM+GIS 技术对工程区域的建筑物、埋设的仪器设备等实现三维场景展示,用户可以在三维场景中实时浏览和查询各建筑物监测仪器设备的各种安全监测信息。

六、水量查询系统

以黄花滩灌区已建水量信息查询系统为基础,完善水量计量测算功能。针对灌区已建、新增调蓄水池、泵站、管道工程设置的量水监测站点,实现对各量水监测点水量数据的自动测算、查询及统计分析。

依据《灌溉渠道系统量水规范》(GB/T 21303—2017),将灌区各类量水方式进行抽象化处理,实现流量、水量数据的自动计算和快速整编,以取代传统的人工量测水工作模式,提高量测水计算精度和效率,为灌区合理调配水资源和实施水费计收提供有力支持。

七、水费计收管理系统

水费计收管理系统是对水费的收缴情况、缴费灌溉信息进行实时、动态、科学监控管理的综合业务系统。黄花滩灌区已开发水费计收管理系统,实现用水户已缴、欠缴水费信息查询,实现水费收据的在线生成。水费计收管理系统功能包括:①年、季、月、日、重点用水单位用水量查询总结;②缴费清单查询、欠费清单查询、财务报表查询统计等缴费管理;③用水类型定价方案、用水时间定价方案、特殊用水户定价方案、区域用水计价方案等水费定价管理;④水费预警等功能。

对水费计收管理系统进行完善,为水费计收、水量调配管理提供基础的数据支撑。新建内容包括以下功能:

(1)补充1~4号调蓄水池、绿洲分干渠工程项目供水涉及的用水单位基础信息、用水户基础信息、灌溉面积基础信息等。

(2)将用水户与分水口门及水量监测计量点关联,实现对全灌区用水户用水情况的登记、水费的计算与收缴,以及水费的统计分析功能。

八、配水计划管理系统

黄花滩灌区已开发灌区配水计划管理系统,其功能包括:①灌区可用水量、作物分布、渠系综合信息、历史用水量、实时用水量等信息查询;②干渠、支渠、斗渠用水计划及重点区域用水计划管理;③灌区总水量调配、干渠用水调配、支渠用水调配、斗渠用水调配、重点区域重点单位的用水调配等配水调度与分配管理;④灌区、干渠、支渠、斗渠、重点区域、重点单位的用水量汇总统计与报表输出等。

根据工程扩展范围,完善配水计划管理系统对前期配水计划管理范围进行相应扩展,从灌区全局出发，补充完善水源、需水单元、输配水单元，实现灌区配水计划的制订和输配水过程的监督管理。

九、移动应用系统

将各业务系统部分功能进行移动端展示和处理，通过手机移动端可随时查看工程整体运行情况、上报工情等信息；可实现在移动端查看灌区整体运行情况，可随时处理业务工作，通过权限控制实现用户登录后的功能差异化，满足不同用户的需求。

（一）信息服务

提供量水监测、视频监视、安全监测、工程运行状态等信息的查询展示功能，可实现包括实时信息展示、历史数据变化分析等应用。

（二）信息上传

通过移动设备，实现现场采集的巡查数据及照片、视频、音频等多媒体数据的上传。用户可将现场巡查数据根据特定表格形式录入移动应用系统，将现场拍摄的照片、视频、音频等多媒体数据上传到移动应用系统，采集的信息将上传到系统服务器并在业务应用系统和移动应用系统上进行展示。

（三）巡检管理

为业务人员巡检提供轨迹管理、巡检打卡、历史巡检信息查询，同时实现巡检过程中问题上传功能。对巡检过程中发现的突发事件，提供现场取证信息上传功能。

巡检管理系统提供工程图像采集、工程巡检、电子地图、人员定位、巡检记录管理等功能。

十、三维仿真模拟系统

三维仿真模拟是在 BIM+GIS 平台的基础上进行的，仿真涉及的主要内容包括几何模型的渲染、数字高程模型和正射影像图融合等方面。三维仿真模拟是对系统三维场景状态在一定时间序列的动态描述和展示，水量调蓄过程三维仿真模拟是实时监测多个传感器发送的水位数据，通过持续监听水位高程变化，建立“水位-面积-容积”模型，模拟仿真时钟以连续的方式推进，模型中的蓄水位等信息通过不同时刻发生的事件来改变自身的状态并与模型中的其他事件进行交互。蓄水水位动态模拟如图 7-5 所示。

图 7-5　蓄水水位动态模拟

充分利用平台构建的数字三维场景，对重要建筑物进行精细 BIM 建模，最后将地形特征点矢量数据、地形特征线矢量数据及地形要素矢量数据等添加到三维场景中。通过对时间轴不同节点的读取实现对蓄水过程的快速推演和历史回溯。

第五节 智能免疫控制系统

为了保证智慧灌区水利智能体的安全、稳定运行及建设的统一性和可扩展性，在建设过程中，需要同步建设主动、开放、有效的智能免疫，实现水利智能体安全状况可知、可控和可管理，形成集防护、检测、响应、恢复于一体的智能免疫体系。

一、系统安全级别

智慧灌区水利智能体智能免疫覆盖 4 个调蓄水池及绿洲分干渠，网络结构复杂，信息类型繁多，主要涉及水量、安全、视频、工情、阀门的控制信息等。该水利智能体的网络一旦遭到破坏，业务信息安全和系统服务安全被侵害时，业务将不能开展，使得灌区职能无法得到行使。

根据《中华人民共和国网络安全法》《信息安全技术 网络安全等级保护定级指南》(GB/T 22240—2020)的要求，以及灌区安全等级的确定，该系统安全级别定为三级。

二、系统安全原则

网络安全等级保护建设方案按照《信息安全技术 网络安全等级保护安全设计技术要求》(GB/T 25070—2019)及相关标准和规定执行，遵循如下原则：

(1)紧密结合实际。现状及需求分析过程需要紧密结合黄花滩灌区各智能应用的实际情况，防止与实际情况脱节。

(2)参考并符合政策法规。充分参考国内信息安全建设法律法规及国际标准和实践经验，保证分析设计的符合性，以满足后期建设的合规性。

(3)统一规划分步实施。等级保护建设过程按照项目管理思想和项目的实际需要，实行统一规划、分步实施。

(4)分层防护、综合防范。任何安全措施都不是绝对安全的，都可能被攻破。为预防攻破一层或一类保护的攻击行为而破坏整个系统，需要合理规划和综合采用多种有效措施，进行多层和多重保护。

(5)需求、风险、代价平衡。对任何类型网络，绝对安全难以达到，需正确处理需求、风险与代价的关系，分等级保护、适度防护，做到安全性与可用性相容，做到技术上可实现、经济上可执行。

(6)动态发展和可扩展。随着网络攻防技术的不断发展，安全需求也会不断变化，再加上环境、条件、时间的限制，要求安全防护一步到位、一劳永逸地解决网络安全问题是不现实的。因此，在考虑智慧灌区水利智能体等级保护建设时，应首先在现有技术条件下满足当前的安全需要，并在此基础上有良好的可扩展性，以满足今后新的智能应用和智能连接所产生的安全需求。

三、系统安全路线

（一）管理网等级保护路线

以等级保护安全框架为依据和参考，在满足国家法律法规和标准体系的前提下，通过“一中心三防护”的安全防护，形成网络安全综合防护体系，体系化地进行安全方案设计，全面满足等级保护安全需求及单位网络安全战略目标。等级保护安全架构见图7-6。

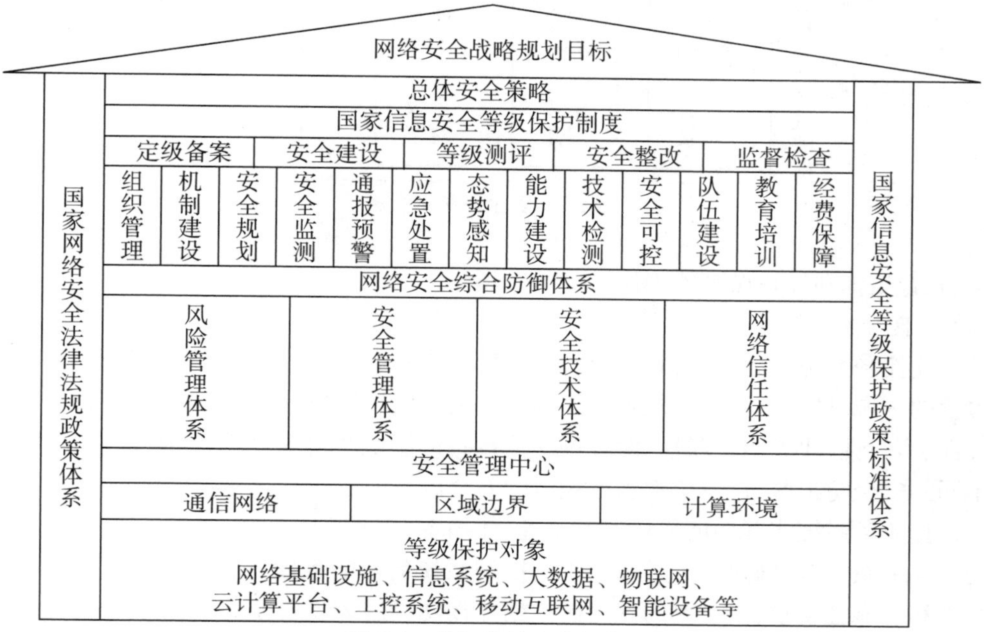

网络安全战略规划目标
国家网络安全法律法规政策体系
国家信息安全等级保护政策标准体系
总体安全策略
国家信息安全等级保护制度
定级备案　安全建设　等级测评　安全整改　监督检查
组织管理　机制建设　安全规划　安全监测　通报预警　应急处置　态势感知　能力建设　技术检测　安全可控　队伍建设　教育培训　经费保障
网络安全综合防御体系
风险管理体系　安全管理体系　安全技术体系　网络信任体系
安全管理中心
通信网络　区域边界　计算环境
等级保护对象
网络基础设施、信息系统、大数据、物联网、
云计算平台、工控系统、移动互联网、智能设备等

图7-6　等级保护安全架构

按照等级保护政策、标准、指南等文件要求，对保护对象进行区域划分和定级，对不同的保护对象从物理环境安全防护、通信网络安全防护、网络边界安全防护、主机设备安全防护及应用和数据安全防护等各方面进行不同级别的安全防护设计，见图7-7。同时，统一的安全管理中心保障了安全管理措施和防护的有效协同及一体化管理，保障了安全措施及管理的有效运行和落地。

（二）控制网等级保护设计路线

1.建设思路

控制网等级保护设计路线建设思路如下：

（1）明确对象。等级保护对象包括网络基础设施、信息系统、大数据、云计算平台、物联网、工控系统等，该方案目标保护对象为各类工业控制系统。

（2）整改建设。根据不同对象的安全保护等级完成安全建设或安全整改工作。

（3）构建体系。针对等级保护对象特点建立安全技术体系和安全管理体系，构建具备相应等级安全保护能力的网络安全综合防御体系。

（4）开展工作。依据国家网络安全等级保护政策和标准，开展组织管理、机制建设、安全规划、安全监测、通报预警、应急处置、态势感知、能力建设、技术检测、安全可控、队伍

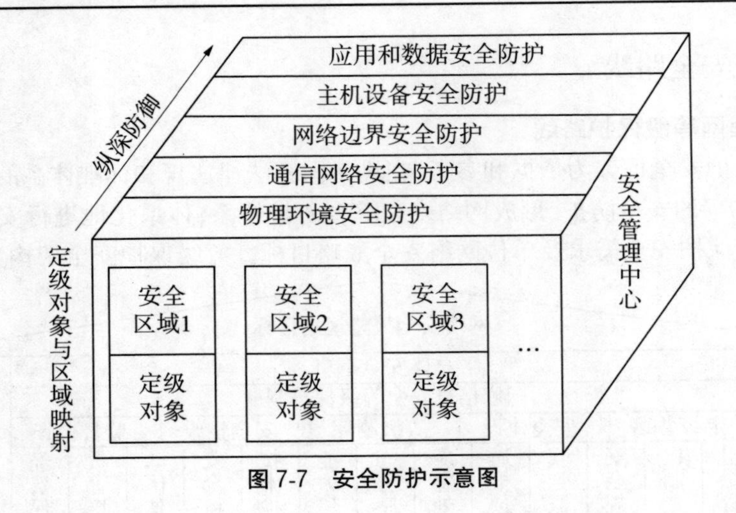

图 7-7 安全防护示意图

建设、教育培训和经费保障等工作。

2.分区原则

工业控制系统分为 4 层,其中,第 0~3 层为工业控制系统等级保护的范畴,为设计框架覆盖的区域;横向上对工业控制系统进行安全区域的划分,根据工业控制系统中业务的重要性、实时性、业务的关联性、对现场受控设备的影响程度及功能范围、资产属性等,形成不同的安全防护区域,系统都置于相应的安全区域内。

根据业务系统或其功能模块的实时性、使用者、主要功能、设备使用场所、各业务系统间的相互关系、广域网通信方式及对工业控制系统的影响程度等进行分区。对于额外的安全性和可靠性要求,在主要的安全区根据操作功能进一步划分成子区,将设备划分成不同的区域可以有效地建立“纵深防御”策略。将具备相同功能和安全要求的各系统的控制功能划分成不同的安全区域,并按照方便管理和控制的原则,为各安全功能区域分配网段地址。

3.设计框架

根据定级不同,安全保护设计的强度不同,防护类别也不同。

(1)安全计算环境,包括对工业控制系统 0~3 层中的信息进行存储、处理及实施安全策略的相关部件。

(2)安全区域边界,包括安全计算环境边界,以及安全计算环境与安全通信网络之间实现连接并实施安全策略的相关部件。

(3)安全通信网络,包括安全计算环境和网络安全区域之间进行信息传输及实施安全策略的相关部件。

(4)安全管理中心,包括对定级系统的安全策略及安全计算环境、安全区域边界和安全通信网络上的安全机制实施统一管理的平台。

四、系统安全方案

系统安全方案主要包括管理网和控制网的安全防护、外聘人员进行系统安全管理等内容。

(一)管理网

管理网安全防护内容如下:

(1)设计双机热备模式的防火墙作为互联网出口。

(2)在核心交换机旁挂核心防火墙,对流经各个区域的流量进行安全检查。

(3)对于通过互联网远程接入的设备,需要进行基于国密算法的 VPN 隧道加密。

(4)在互联网边界处,设计部署防火墙、上网行为管理系统、入侵防御系统,并对内部(管理网)终端进行网络安全准入检查。

(5)在管理网部署网络审计系统、堡垒机、木马监控平台、安全管理平台。

(6)在存储服务器区域(推荐异地)部署存储备份一体机。

(7)在终端服务器部署企业版杀毒软件。

(二)控制网

控制网安全防护内容如下:

(1)在管理网和控制网之间部署 1 个工控网闸。

(2)在控制网部署工控防火墙、工控主机防护、工控网络审计、工控安全管理平台、工控漏洞扫描系统。

(3)在终端服务器部署企业版工控杀毒软件。

(三)外聘人员进行系统安全管理

外聘第三方安全人员进行安全管理的相关内容如下:

(1)外聘第三方安全人员进行安全检查、定时巡检等安全服务。

(2)外聘第三方安全人员进行全员安全培训,针对重要岗位人员、运行维护人员提供 CISP、CISSP 等专业安全培训。

(3)外聘等级保护测评公司对系统(定期)进行等级保护评测。

(4)外聘第三方安全人员进行系统平台、App 上线之前的代码审计和安全检测,并出具相关报告。

(5)外聘第三方安全人员对系统进行漏洞扫描、脆弱性检测和风险评估,并出具相应报告。

参 考 文 献

[1] 蔡阳,崔倩.河湖遥感“四查”机制建立及其应用实践[J].水利信息化,2020(1):4.

[2] 曹凯.超声波明渠流量计设计[D].包头:内蒙古科技大学,2015.

[3] 曹丽娟,张静静,徐磊,等.现代水利感知网发展方向简析[J].河北水利,2020(3):46,48.

[4] 陈冬梅.边缘计算在5G中的应用研究[J].计算机产品与流通,2020(11):58.

[5] 陈国星.5G+水利探索与创新[J].信息技术与信息化,2019(7):206-207.

[6] 陈岚,周维续.水利网络安全监测与预警方法[J].水利信息化,2017(3):29-32.

[7] 李晶.大数据时代个人信息保护立法研究[J].佳木斯职业学院学报,2019(8):46-47.

[8] 李明柔,陆隽,陈燕群.智能节水灌溉系统应用与推广[J].技术与市场,2018(10):50.

[9] 李盘.红外诊断技术在亭子口水利枢纽中的应用[J].水力发电,2014(9):81-83.

[10] 李乔.基于移动终端的水位监测与车牌定位算法研究[D].西安:西安电子科技大学,2011.

[11] 李永龙,王皓冉,张华.水下机器人在水利水电工程检测中的应用现状及发展趋势[J].中国水利水电科学研究院学报,2018,6(6):586-590.

[12] 梁德福.时差法低功耗超声波流量计的设计与实现[D].上海:华东理工大学,2012.

[13] 刘昌军,孙涛,张琦建,等.无人机激光雷达技术在山洪灾害调查评价中的应用[J].中国水利,2015(21):49-51.

[14] 刘德龙,李夏,李腾,等.智慧水利感知关键技术初步研究[J].四川水利,2020,41(1):111-115.

[15] 刘飞.人工智能技术在网络安全领域的应用研究[J].电子制作,2016(9):32-33.

[16] 刘锋.崛起的超级智能:互联网大脑如何影响科技未来[M].北京:中信出版社,2019.

[17] 刘翰琪,董阿忠,赵钢.无人机倾斜摄影测量在水利中的应用探索[J].江苏水利,2020(3):57-61.

[18] 吕良军.试论水利工程运行管理方式的创新途径[J].智能城市,2019,5(24):82-83.

[19] 马东平,王后明.浅谈5G在水环境监控中的应用[J].治淮,2020(2):31-32.

[20] 马奉先,林珂,赵海洋.5G在智慧水利领域的应用探索[N].人民邮电,2020-03-19(004).

[21] 马海荣,罗治情,陈娉婷,等.遥感技术在农田水利工程建设及管护中的应用[J].湖北农业科学,2019,58(23):16-20.

[22] 马立川.群智协同网络中的信任管理机制研究[D].西安:西安电子科技大学,2018.

[23] 孟令奎,郭善昕,李爽.遥感影像水体提取与洪水监测应用综述[J].水利信息化,2012(3):18-25.

[24] 牟舵,肖尧轩,张飞,等.珠江流域水利网络安全能力提升探析[J].水利信息化,2020(5),41-45.

[25] 施巍松,刘芳,孙辉,等.边缘计算[M].北京:科学出版社,2018.

[26] 史红艳.黄土高原淤地坝防汛监控预警系统建设展望[J].中国防汛抗旱,2019,29(3):16-19.

[27] 孙世友,鱼京善,杨红粉,等.基于智慧大脑的水利现代化体系研究[J].中国水利,2020(19):52-55.

[28] 谭界雄,田金章,王秘学.水下机器人技术现状及在水利行业的应用前景[J].中国水利,2018(12):33-36.

[29] 谭磊.水库坝体水位自动监测方法与装置[D].淮南:安徽理工大学,2015.

[30] 谭宇翔,盖嘉俊.江苏南水北调工程物联平台建设方案设计与实施[J].数码世界,2021(4):46-47.

[31] 谭宇翔,顾盛楠.基于南水北调工程业务中台的微服务架构的设计与实施[J].信息系统工程,2019(10):38-39.

[32] 王春雨,钟嘉奇,王博超,等.多旋翼无人机在水利行业中的应用[J].黑龙江水利科技,2020,48(1):152-155.
[33] 张荣,李伟平,莫同.深度学习研究综述[J].信息与控制,2018,47(4):385-397,410.
[34] 张润,王永滨.机器学习及其算法和发展研究[J].中国传媒大学学报(自然科学版),2016,23(2):10-18,24.